인지학이란 무엇인가

What is
Anthroposophy?

인지학이란
무엇인가

루돌프 슈타이너 · 크리스토퍼 뱀퍼드 지음

조준영 옮김

수신제

차례

루돌프 슈타이너는 1923년 7월 스위스 도르나흐에서 열린 인지학 협회의 국제 모임에서 회원들에게 인지학이란 실제로 무엇인지, 인지학의 임무는 무엇인지에 대해 3일에 걸쳐 강연하면서, 인지학의 길을 세 가지 관점(물질적, 영적, 정신적 관점)에서 이야기했다. 크리스토퍼 뱀퍼드는 이 강연 내용에 슈타이너가 정신 세계에 도달하기 위해 걸어간 길을 덧붙여 *What is Anthroposophy?: Three Spiritual Perspectives on Self-Knowledge*를 출간하였고, 이 책이 바로 이번에 번역 출간되는 〈인지학이란 무엇인가〉의 원서이다.

초자연적인 체험을 통해 초월적인 세계에 많은 관심을 가졌던 슈타이너는 인간의 본질을 정신세계까지 확장시켜 이해하려고 노력했다. 자신이 생각하고 있던, 인간 속에 숨 쉬고 있는 우주의 이치를 이해하고, 인간의 본질을 객관적이고 과학적으로 이해하려는 슈타이너의 끊임없는 노력은 인지학이 우리의 정신세계를 우주 속의 정신세계로 이끄는 인식의 길이라는 깨달음을 얻게 한다.

슈타이너는 강연이나 저서에서 "나는 스스로 체험하고 인식한 것만을 말한다."라는 표현을 자주 썼다. 즉 "진실된 내용은 체험되어야 한다."는 것이다. 그런 의미에서 인지학은 어떠한 견해나 믿음에도 의지하지 않고, 본질적으로는 육신의 체험 못지않게 확실한 정신의 체험에만 기반한다는 그의 이야기가 사뭇 와닿는다.

요즈음 우리나라에서 슈타이너의 강연집과 저서들이 꾸준히 번역 출간되면서 관련 분야에 많은 도움이 되고 있는데, 이 번역서 또한 작은 도움이라도 됐으면 하는 바람이다. 우리말로 옮기는 과정에서 발생한 오역 또는 매끄럽지 못한 부분에 대해서는 넓은 용서를 구한다.

이 책을 번역하면서 역자의 머리를 떠나지 않았던 '인간이란 무엇인가?'라는 화두는 여전히 숙제로 남아 있다. 인지학은 사고하는 모든 인간, 느끼는 마음을 가진 우리 모두에게 분명 말을 건넬 것이다.

2009. 3.
조준영

크리스토퍼 뱀퍼드의 개관

루돌프 슈타이너가 누구냐는 질문을 받는다면 우리는
아래의 어떤 것으로도 대답할 수 있을 것이다.

그는 철학자였다.
그는 정신과학자 혹은 연구자였다.
그는 정신적 교사였다.
그는 기독교 신비주의자였다.
그는 교육자였다.
그는 비교주의자였다.
그는 예술가였다.
그는 전수받은 자였다.

정의하기 어려운 이 용어는 부단한 내적 연구를 통해
깨달음과 자각, 그리고 오직 세계와 인류만을 위해
정신세계에 대한 연구를 하게 되는 무욕의 경지를
달성한 사람을 가르킨다.

1

현대 인지학(人智學)은 오스트리아 출신의 철학자이자 극작가, 교육
자이자 비교(秘敎)주의자인 루돌프 슈타이너(1861~1925)에 의해 주
창되었다. 슈타이너의 업적을 아는 이들은 그를 "20세기의 1급 비
밀"이라 칭했다.[1] 이유는 간단하다. 첫째, 슈타이너는 현격하게 다
른 분야들에서 아주 깊은 자취를 남겼기에 그를 판에 박힌 방법으
로 규정하는 것이 어렵기 때문이다. 둘째, 그가 시대 흐름에 역행하
는 것을 변명하지 않고, 지배적인 물질주의의 교의에 맞서 인간 정
신의 우위를 단언했기 때문이다.

---

[1]   확실한 출처는 알 수 없으나, 오웬 바필드(Owen Barfield)가 처음 사용한 말이라 생각된다.

2

루돌프 슈타이너를 설명하는 데는 여러 방법이 있을 수 있지만 어느 것도 완벽하지는 않을 성싶다. 근거가 충분하다면 어떤 설명이든 일말의 진실은 가지고 있다. 비록 그것이 외적인지 내적인지는 분명치 않지만 말이다.

예를 들어, 루돌프 슈타이너가 누구냐는 질문을 받는다면 우리는 아래의 어떤 것으로도 대답할 수 있을 것이다.

— **그는 철학자였다.** 슈타이너 자신이 말했듯이, 그의 모든 업적은 그가 인생의 첫 시기에 연구했던 경험적인 지식 이론, 즉 인식론에 바탕을 둔다. 이 이론을 통하여 '자아'의 자유와 독립, 의식과 세계의 일치, 그리고 정신세계로 들어가는 정확한 지점으로서의 사고의 실재를 입증하였다.

— **그는 정신과학자 혹은 연구자였다.** 실제 명상 수련인 이 철학에 근거하여 슈타이너는 감각 너머의 세계를 인지하는 방법을 확립하였다. 슈타이너는 자신의 심리영성 유기체를 인

지 기관으로 사용하여 수많은 영역에서 고도의 현상학적 연구 형태를 이끌어낼 수 있었다. 이러한 연구의 결과들이 '정신 과학'(인지학의 다른 이름인)을 구성한다. 그 결실은 여러 분야의 성과들을 상술하는 수많은 강연들뿐 아니라 생명 역동 농업이나 발도르프 교육, 인지학적 의학 같은 실제 적용에서도 찾아볼 수 있다.

— **그는 정신적 교사였다.** 루돌프 슈타이너는 정신적 교사였고, 비의(秘儀)를 전수하는 학교를 설립했다. 이는 그에게 제자들이 있었고, 그들에게 내적 발전과 도덕적, 영혼적 성장을 위한 방법을 가르쳤다는 의미이다. 그의 가르침과 교수법은 존재와 의식이 다양한 상태에 도달하는 길을 가르치기보다 이들 각각의 특성을 끊임없이 강조하며, 그러한 상태들이 일상생활을 하는 동안 맑게 깨어 있는 인식 속에서 도달되어야 한다는 점에서 독특하다.

— **그는 기독교 신비주의자였다.** 마흔을 넘긴 슈타이너는 그리스도와 친밀한 관계를 맺기 시작했다. 그 시점부터 그의 전 생애에 걸친 업적은 예수 그리스도를 향한 그의 사랑과, 그리스도와 대천사 미가엘과 같은 그리스도의 조력자들이 세상의 구원을 위해 이룬 일에 대한 깨달음에서 비롯되었다고 해도 과언이 아니다. 루돌프 슈타이너의 모든 업적은 그리스도를 향한 사랑과 세상을 향한 사랑으로 이루어낸 것이라고 할 수 있다.

— 그는 **교육자였다**. 자신이 살아온 환경(그는 젊어서 가정교사로 있었다.)과 타고난 정신적 재능을 바탕으로 하여, 그는 자신이 요청받았던 발도르프 학교들의 교과과정과 교육철학을 구축할 수 있었다. 1919년 독일 슈투트가르트에 처음 세워진 발도르프 학교로부터 일어난 자치 교육 운동은 그와 유사한 교육 운동 중에서는 세계 최대로 성장해왔다.

— 그는 **비교(비의)주의자였다**. 루돌프 슈타이너는 내적 세계의 대가였고, 자신이 직접 경험한 것을 통해서만 가르치면서도 그 자신이 항상 경의를 표한 많은 서구 정신적 전통의 후계자이자 역사가였다. 그는 '비의(秘儀)기독교'라 일컬어질 수 있는 다양한 전통과의 연계를 명확히 밝혔다. 그와 동시에 세상에 나타난 그리스도의 업적은 유일하다는 사실을 인정했다. 그러므로 그는 비의적(秘儀的)인 목적 또한 지녔다고 사료되는 비의기독교 위인들을 배제하지 않았다.

— 그는 **예술가였다**. 루돌프 슈타이너는 건축가였고, 극작가였으며, 화가이자 시인, 그리고 오이리트미라 불리는 새로운 예술 운동의 주창자이기도 했다.

— 그는 **전수받은 자였다**. 정의하기 어려운 이 용어는 부단한 내적 연구를 통해 깨달음과 자각, 그리고 오직 세계와 인류만을 위해 정신세계에 대한 연구를 하게 되는 무욕의 경지를 달성한 사람을 가리킨다.

3

슈타이너는 정신적 재능이 출중한 사람이었다. 그는 어릴 적부터 통찰력이 뛰어났으나, 젊어서는 정신세계를 지각하는 자신의 타고난 능력을 잠시 접고 인문학과 과학이라는 대학의 학문 분야를 정복하는 데 힘을 쏟았다. 이러한 준비를 마치자, 그는 그 시대의 문화생활에 빠져들어 19세기 말 물질주의의 광휘와 한계를 직접 경험했고, 동시에 물질주의가 부딪힌 막다른 골목을 빠져나갈 길을 찾는 데 몰두했다. 그 길은 시인이자 극작가, 소설가이자 전체론적 과학자 괴테에 대한 전문적인 연구와 맞물려 철학사를 근본부터 다시 읽어내는 것으로 이어졌다.

이 시기에도 슈타이너는 항상 정신세계의 실재 안에 서 있었다. 그의 정신적 능력은 한 번도 성장을 멈추지 않았다고 해야 옳을 것이다. 그는 인류의 진화하는 의식과 과거로부터 전해 내려오는 영속적 지혜를, 현대의 정신 방향에 알맞게 합치시킨다는 자신의 임무를 언제나 인식하고 있었다. 외견상 그는 급진적 철학자이자 문화비평가로서 대중 강연을 했다. 그리고 내적으로 개인적으로 그 자신의 비전(秘傳) 입문을 위하여 19세기 말의 신지학(神智學) 및 신비주의와 초기적인 교분을 맺으며, 죽은 자들 및 장미십자회의 맥을 잇는 유체이탈의 대가들과도 의미심장한 조우를 가졌다.

그가 정신세계를 통해 알게 된 자신의 과제는 과학적 의식과 정신적 의식의 합일이었다. 이를 달성하기 위해서 그는 '지식의 위기'를 해결해야 했다. 지식의 위기는 일반적으로 말해 정신이 사실상 부인되었다는 사실에서 시작됐고, 아직도 크게 달라진 바가 없다. 오늘날까지도 정신의 실재는 과학적으로 불가해한 영역에 위치한다. 따라서 과학은 인간 정신과 영혼에 관한 본질적인 질문들에 대답하지 못한다.

우리는 누구인가, 어디에서 왔고, 어디로 가는가? 과학뿐 아니라 철학과 심리학에서도 알 수 없다 하여 배제된 이런 질문들은, 점점 더 장황해지고 무의미해져 가던, 당시 (아마 지금도) 꺼져가는 종교의 몫으로 넘겨졌다. 새로운 활로를 모색하는 것이 슈타이너의 과제였다. 감각에 의존하는 우리의 일상적인 의식에서 출발하여, 그는 사고하는 의식이 감각과 기존 개념세계의 문지방을 넘어서 새로운 세계들을 인식할 수 있는 방법을 찾아내야 했다. 그전에는 생각해본 적 없는 이들 세계에는 수용적이고 직관적인 사고 활동이 통용되었다. 이를 우리는 살아 있는 사고, 현재적인 사고라고 부를 수 있을 것이다. 그러한 사고는 물질세계를 포함하여 정신세계들을 인지하는 데로 열려 있었다. 전통적으로 정신적 스승이 대중을 상대로 가르침을 시작하는 나이인 마흔이 가까워질 무렵, 슈타이너는 이 모두를 완수했다.(특히 〈진리와 과학〉, 1892; 〈자유의 철학〉,[2] 1894에서)

하지만 그는 가르침을 시작하기 전에, 결정적인 정신적 비전(秘傳)을 필요로 했다. 그때까지 그의 길은 그가 직접 체득한 경험을 바탕으로 정신세계로의 다리를 다시 놓는 급진적인 것이었다. 이를 통해 그는 많은 것을 달성했다. 의식을 새로이 확장했고, 인간의 더 높은 자아, 즉 참 '나'의 불멸성을 직접 확인했다. 그러나 이는 모든 선입견과 기존의 문화 권력에 대한 거부로 이어졌고, 당시 기독교의 가르침과 실천 양식도 예외가 아니었다. 마치 유혹의 광야에 자신을 내던진 것이나 마찬가지였다. 그때 은총이 찾아왔다. 1898년에서 1899년에 걸쳐 그는 "정신적 직관과 함께한 기독교의 진화"를 탐구하기 시작했다. 그리고 이와 관련하여 그는 "일상의 현장 이면의 내적 투쟁"에 관해 이야기한다. 이런 내적 시도들은 그리스도를 향한 우주의 투쟁을 반영하는 것 같았다. 점차 서광이 비추었다.

슈타이너는 이렇게 회고한다. "진정한 기독교에 대한 의식적인 이해가 내 안에서 움트고 있었다. 세기가 바뀔 무렵 이러한 이해는 더욱 깊어졌다. 세기가 바뀌기 전에 간단한 내적 시험이 있었다. 이런 경험으로부터 마침내 나는 가장 심오하고 장엄한 지식의 향연 속

---

2   〈자유의 철학〉은 〈정신적인 통로로서의 직관적 사고〉와 〈정신 활동에 관한 철학〉이라는 제목으로도 출간되었다.

에서 정신적으로 골고다의 신비가 실재하는 가운데 있게 되었다."[3]

베를린에서 집필을 계속하며 노동자대학에서 강의를 하던 슈타이너는 마리 폰 지버스(후에 그의 아내가 됨)를 만나면서 차츰 신지학 모임에 참여하게 되었다. 1902년 그는 독일 신지학협회의 사무총장이 되었고, 1913년까지 신지학 내에서 강연과 저술 활동을 펼쳤다. 그해 2월에 신지학협회를 떠나야 했던 그는 인지학협회를 설립하여 1925년 사망하기 전까지 강연과 저술, 교육을 계속하며 방대한 업적을 남겼다.

슈타이너에 따르면, 그는 처음부터 자신이 개인적으로 경험한 사실들만을 가르쳤다. 사실 괴테와 관련한 경험과 첫 번째의 괄목할 만한 철학적 발견에 기초한 그의 이력은 끊임없는 연속성을 보여준다.

바꾸어 말하면, 그가 직접 이야기한 것처럼 슈타이너는 처음부터 인지학자였고 인지학을 가르쳤으며, 한 번도 여기서 벗어난 적이 없다. 이런 관점에서 보자면, 슈타이너가 실천하고 가르친 것이 인지학이다. 이러한 의미에서 루돌프 슈타이너와 인지학, 이 둘은 서로 같은 말이나 다름없다.

---

3   이 부분이나 슈타이너의 생애 전반에 관해서는 그의 〈자서전: 내 생애의 자취들〉
    (Anthroposophic Press, 1999)의 번역 개정판 239쪽 참조.

4

무엇보다도 인지학은 다음과 같은 요소들로 이루어진다.

— 우리가 세계를 알아가는 방법에 관한 이론

— 정신적 혹은 내적 발달의 실제 통로

— 인간과 지구의 진화를 그 기원이 되는 먼 정신세계들로부터 현
재 순간(그리고 내세)까지 추적하는 복합적인 비이원적 우주론

— 인간 발달을 물질육체, 에테르체, 아스트랄체와 더 높은 자아
인 참 '나'의 측면뿐 아니라 사고와 감정, 의지 측면에서 설명

— 골고다의 신비, 즉 예수 그리스도의 부활에 기반을 둔 종교 진
화론

— 대안적인 자연과학으로 이어지는 자연적이고 정신적인 과정
에 대한 연금술적 이해

— 카르마와 재육화, 사후 세계, 그리고 천상의 아홉 천사 계급의
시간과 역사 참여 등을 포함하는 인간 존재의 의미에 대한 심
오한 통찰

5

앞에 열거한 요소들은 '인지학'이 무엇인지를 정확히 설명하는 일이 왜 어려운지를 보여준다.

슈타이너의 제자들조차 명확한 설명을 내놓는 데 어려움을 겪어왔다. 그들은 360권이 넘는 슈타이너의 저술과 강의록을 제시할 수 있는데, 이는 슈타이너가 실로 르네상스적인 인간이었으며―그는 모든 분야에 관해 알고 이야기하는 것 같았다―, 얼마나 많은 작업을 했는지를 말해준다. 그러나 이러한 사실은 인지학에 관해서는 많은 정보를 주지 않는다. 제자들은 이런 질문에 답을 하려 애쓰면서 슈타이너의 방대한 가르침을 여러 방면에서 예를 들어 보일 수도 있다. 하지만 이는 (단순한 숭배에 그치지 않는다 하더라도) 아무래도 단편적일 수밖에 없다. 우리에게 주어진 것은 더 큰 전체의 빛나는 파편들로서, 그 실체는 듣는 사람들과, 우리가 보기엔 설명하는 사람들에게조차 내내 이해되지 않는 듯싶다. 예를 들어 작가인 오웬 바필드(Owen Barfield)는, 평생 인지학을 연구하고 실천하면서 그가 배운 것이 무엇인지를 묻자, "나는 탁월한 정신성에 대해 좀 더 잘 이해하고 있습니다."라고 답했다.(출처는 불분명하지만) 그것은 분명 인지학에서 얻을 수 있는 어떤 것이긴 하지만—인지학은 우리를 "우주의 은자"보다는 "우주의 시민"으로 육성한다[4] —, 인지학이 무엇인지는 말해주지 않는다. 혹자는 인지학을 비의(秘儀)기독교라 하기도 한다. 그러나 이 책에 수록된 강연들에는 그리스도가 한 번도 언급되지 않는다.

다른 사람들은 인지학이 단순히 정신 연구의 방법이라 하면서 그 증거로 발도르프 교육, 생명 역동 농업, 인지학적 의학, 캠프힐 치유 공동체와 같은 인지학의 성공적인 적용 사례를 들어 보인다. 인지학이 세상에서 거둔 성과를 열거해보면 실로 예술과 종교, 과학을 아우르는 광범한 것이다. 그래서 인지학은 종종 "고대 신비의 현대적 부활"로 묘사되는데, 이는 인지학이 온전한 문화와 문명 확산의 중심이 될 수 있음을 의미한다.

한편 인지학자들은 인지학이 종교가 아니라는 점을 항상 지적한다. 그들은 인지학이 과학—정신과학—이지만 그 가르침이 통상적인 의미에서의 '과학'으로 보이지 않을 뿐이라고 이야기한다. 또한 인지학이 무엇인가라는 물음에, 복잡한 인식론적 설명을 가지고 의식이 인간과 세계 속에서 작동하는 방식에 대해 근본적으로 다른

---

4   이 어구들은 강의집 〈미가엘 축일과 인간의 영혼력들(*Michaelmas and the Soul Forces of Man*)〉(Anthroposophic Press, 1988)의 강의 1에 나온다.

진술을 들려주는 사람들도 있다. 그들의 주장대로라면, 그전에는 신비주의자들이나 투시자들만의 전유물이었던 정신세계에 이제 우리가 사고의 힘으로 접근할 수 있게 되었다는 것이다. 그리고 그들은 이러한 직접적인 인식이 도덕적 자유의 유일하고 진정한 밑바탕이라고 주장한다. 마지막으로 그들은 우리가 이런 철학적 통로를 따르면 우리의 참 '나'를 체험할 것이라고 말한다. 이러한 모든 설명은 기준에 좀 더 접근한 듯하다. 하지만 그 안에서 듣는 사람들을 놓치는 경향이 있다. 그런 설명들은 종종 일상생활 혹은 적어도 그들의 삶과 별 관련 없는 지나치게 추상적인 접근처럼 여겨지기도 한다. 물론 이는 인식론이나 지식론의 문제라기보다는 그 실존적 자극을 실제로 증명하는 일의 어려움 탓이지만.

6

인지학(Anthroposophy)이라는 단어는 그리스어로 '인간'을 뜻하는 anthropos와 '지혜'를 뜻하는 sophia, 두 단어가 합쳐서 된 말이다. 신지학(Theosophy: sophia가 '신'을 뜻하는 theos와 합쳐져서 된 말)이 신의 지혜 혹은 신성한 지혜를 의미하듯이, 인지학은 문자 그대로 '인간의 지혜' 혹은 인간적인 지혜를 뜻한다.

생애의 마지막 해인 1924년에 쓴 〈인지학의 주요 사고〉에서 슈타이너는 이렇게 적고 있다.

① **인지학**은 우리 안의 정신세계를 우주 안의 정신세계로 이끄는 인식의 길—**인지적 통로**—이다. 인지학은 마음과 감정의 요구로서 생겨난다. 인지학은 오직 이러한 내적 요구를 만족시키는 한에서 정당하다. 자신의 영혼이 찾아내라 재촉하는 것을 얻은 이들만이 인지학을 수긍하고 받아들일 수 있다. 그러므로 인간의 본성이나 우주에 관한 질문이 배고픔이나 목마름과 같은 삶의 기본적인 욕구라 느끼는 이들만이 인지학

자가 될 수 있다.

② **인지학은 정신적으로 얻어진 통찰을 전달한다.** 그 이유는 단지 감각지각과 지적 활동에 기반을 둔 과학과 일상이 종국에는 인생 행로상의 한계나 장애로 이어지기 때문이다. 그것을 뛰어넘지 못하면 우리의 영혼은 죽음에 이르게 될 것이다. 과학과 일상이 우리를 이러한 장애로 이끌어간다 해서 거기 머물러야 하는 것은 아니다. 우리의 영혼을 통해서, 감각에 갇힌 지식이 끝나는 바로 그 자리에서, 정신세계로의 새로운 지평이 열리기 때문이다.

③ 어떤 이들은 감각이 부여하는 한계가 우리가 알 수 있는 것의 한계를 결정한다고 믿는다. 그러나 그들이 어떻게 이런 한계를 자각하게 되었는지를 생각해본다면, 바로 이러한 자각 안에서 감각 세계 너머로 진전할 수 있는 능력을 깨닫게 된다. 물고기는 물가로 헤엄쳐 간다. 물 밖에서 살 수 있는 물리적 능력이 없기 때문에 그 이상은 갈 수 없다. 인간으로서, 우리는 감각으로 지각할 수 있는 세상의 끝에 다다른다. 하지만 우리는 그 경계에 이르는 동안 감각의 제한을 받지 않는 요소들 속에서도 생존할 수 있는 영혼의 힘을 획득했음을 깨달을 수 있다.

④ 우리의 감정을 믿고 우리의 의지를 발달시킬 수 있으려면, 정신세계를 이해하는 일이 필요하다. 우리는 우리를 둘러싼 자

연계의 위대함, 아름다움 혹은 지혜를 느낄 수 있지만, 이들은 우리 존재에 관한 질문에는 아무런 답을 주지 않는다. 우리의 존재는 죽음의 문을 통과하는 순간까지 살아 있는 민감한 사람의 형태로 자연계의 물질과 에너지를 결합하고 있다. 죽고 나면 자연이 이 형태를 넘겨받는다. 그런데 자연만으로는 이 형태를 유지할 수 없으며, 다만 이를 흩뜨려놓을 수 있을 뿐이다. 위대하고 아름답고 지혜로 가득 찬 자연은 '인간의 형태가 어떻게 분해되는가?'에 대해 확실한 대답을 줄 수 있다. 그러나 '인간의 형태가 어떻게 결합되는가?'에 대해선 대답할 수 없다. 어떤 이론상의 반박을 늘어놓더라도, 잠들고 싶어 하지 않는 저 민감한 인간 영혼에게서 이 질문을 지울 수는 없다. 사실상 진정으로 깨어 있는 모든 영혼에게 이 질문은 세계를 이해하는 정신적 방식에 대한 열망을 항상 살아 숨 쉬게 한다.

⑤ 내적 평화를 위해, 우리는 정신에 대한 자각이 필요하다. 우리가 유의해서 본다면, 우리는 생각하고, 느끼고, 하고자 하는 가운데서 우리 자신을 발견한다. 그러나 우리는 생각과 느낌, 그리고 의지가 우리의 자연적인 존재에만 의존하는 것처럼 여길 수 있다. 이들 생각과 느낌, 의지의 전개는 육체의 건강과 질병, 강화와 약화에 영향을 받는다. 또한 모든 수면은 그것들을 뭉개버린다. 일상의 경험은 우리의 정신적 경험이 우리의 물질적 존재에 많은 부분 의존한다는 것을 보여준다. 이

러한 것을 깨닫게 되면 평범한 인식에서 우리가 쉽사리 정신에 대한 자각을 잃을 수 있다는 인식이 우리 안에 생겨난다. 그때에 처음으로 불안한 질문이 고개를 든다. 우리의 일상의 경험을 넘어서 우리의 참 자아를 분명하게 알려주는 자각이 있을 수 있을까? 인지학은 진정한 정신적 경험을 토대로 이 질문에 대답하려고 한다. 이를 위해 인지학은 어떠한 견해나 믿음에도 의존하지 않고, 본질적으로는 육신의 체험 못지않게 확실한 정신의 체험에 기반을 둔다.[5]

---

5   슈타이너의 〈인지학의 주요 사고〉(Rudolf Steiner Press) 번역 개정판, 13쪽 이하 참고.

7

인지학이란 말은 슈타이너가 만들어낸 것이 아니다. 이 단어는 잘 알려지지는 않았으나 상당한 역사를 가지고 있다. 예컨대 이상주의 철학자인 F. W. J. 셸링과 I. H. 피히테, 스위스 의사이자 전체론적 사상가 이그나츠 트록슬러를 포함하는 독일의 19세기 사상가들 중 상당수가 이 말을 썼다. 트록슬러에게 **인지학은 인간 본성으로부터 도출되는 근본 철학**을 뜻한다. 그는 다음과 같이 설명한다.

모든 참된 생리학과 생명기술[자연의 작용에 대한 과학]—인간의 지식과 존재, 능력과 행위를 모두 포함하는—은 인간 본성과 그에 대한 철학, 즉 인지학에 기반한다. 인지학은 이런 의미에서 히포크라테스가 '신적인 인간'이라 칭한, 이상적인 의미의 의사가 갖고 있는 최고의 자연철학이다.[6]

---

6   Ignaz Paul Vital Troxler, *Naturlehre des menschilchen Erkennens, oder Metaphysik* (Hamburg: Felix Meiner Verlag, 1985), 95쪽.

웨일스의 연금술사이자 신비주의자로 알려진 토머스 본(Thomas Vaughan)은 19세기의 이 '낭만주의적 인지학자들'(그들은 종종 이렇게도 불린다.)이 등장하기 한참 전인 17세기에 이미 인지학이란 말을 쓰고 있었다. 1650년 장미십자회 운동과 결부되어 중요한 문서들을 영어로 번역하던 본은 유지니어스 필랄레테스(Eugenius Philalethes)라는 필명으로 〈인지학적 신술(神術): 인간의 본성과 사후 상태에 관한 소고(Anthroposophia Theomagica: A Discourse on the Nature of Man and His State after Death)〉라는 짤막한 저술을 남겼다. 이 책에는 집필 목적이 "신의 지혜로 비춰본 인간 본성"을 생각해보는 일이라 되어 있다.[7]

연금술과 신플라톤주의의 뉘앙스를 풍기는 위와 같은 17세기 자료는 인지학이란 말이 실은 이른바 '헤르메스적 우주론'의 약칭일 뿐이라는 추측을 가능케 한다. 이런 신비학적 전통은 특히 르네 게농(René Guénon)이 지적한 것처럼 "형이상학적이 아니라 '대우주'와 '소우주'라는 이중적 의미의 우주론적인 지식"과 관계가 있다.[8] 다시 말해 헤르메티시즘—일반적으로는 서양의 비교(秘敎)주의를 의미하는 것으로 받아들일 수 있는—이라는 단어는 신의 영역과

---

7   〈토머스 본 작품집(The Works of Thomas Vaughan)〉(New Hyde Park, N. Y.: University Books, 1968), 1~63쪽 참조.
8   헤르메스에 대한 게농의 에세이는 〈영지(靈智)의 검(The Sword of Gnosis)〉(Jacob Needleman 편, Baltimore, Md.: Penguin, 1974), 370쪽에 나와 있다.

지상의 영역 사이를 중재하는 미묘한 상태에 대한 과학과 관련이 있다. 그러나 이는 신학의 영역인 신학적인, 즉 '제1'원리들과는 아무 관련이 없다.

'헤르메스적(Hermetic)'이라는 명칭은 그리스 신 헤르메스의 이름에서 나왔는데, 그는 신들의 전령이자 해석자로서 지팡이가 그의 주된 상징이다. 이런 의미에서 헤르메스는 이집트의 토트(Thoth), 로마의 머큐리(Mercury), 힌두의 부다(Buddha), 그리고 게르만의 오딘(Odin), 즉 보탄(Wotan)과 어느 정도 동일하다 할 수 있다. **헤르메스**보다 세 배 더 위대하다는 **헤르메스 트리스메기스투스**(Hermes Trismegistus)는 서양 신비주의 최초의 전설적인 스승으로서 땅과 달 아래, 그리고 하늘이란 세 영역의 지배자라는 뜻에서 그렇게 불린다. 이런 덜 중요한 신비─우주론적이고, 따라서 파생적이기 때문에 위대한(혹은 신학적) 신비와 대비하여 이렇게 불린다─는 원시의 인간 상태─앤스로포스(Anthropos) 혹은 원형적인 인간 상태─를 깨닫는 것 이외에 어떤 것도 아니다. 따라서 이것과 연결되는 정신과학은 **앤스로포스**를 지향하므로 '인지학적'이라 생각되는 것이 당연하다.

인지학의 기원이 헤르메티시즘이라고 보는 또 다른 근거는 슈타이너의 발달에 괴테가 중추적 역할을 했다는 데에서 찾아볼 수 있다. 다수 학자들이 주장해왔듯이, 괴테가 가진 상상력의 원천은 정확히 헤르메스적, 연금술적인 전통과 닿아 있기 때문이다. 예를 들어 괴테의 〈초록 뱀과 아름다운 백합에 관한 동화(*Fairy Tale of the Green Snake and the Beautiful lily*)〉가 〈크리스티안 로젠크로이츠의 화학적 결합(*The Chemical Wedding of Christian Rosenkreutz*)〉의 변형이며, 그가 "신비"와 같은 장미십자회의 시들을 썼다는 것은 잘 알려진 사실이다. 그리고 이보다 덜 알려진 사실은, 자연과 대안과학 창조에 대한 괴테의 전반적인 접근이 헤르메스적이고 연금술적인 텍스트에 대한 깊이 있는 탐독과 변형에 기초하였다는 것이다.[9] 슈타이너가 괴테를 모델로 한 이상 그 역시 이러한 전통의 일부분이 된다.

이러한 의미에서 인지학은 서양 비교주의 발달의 정점이라고 하겠다.

---

9   예를 들어 R. D. Gray의 〈연금술사 괴테(*Goethe the Alchemist*)〉(Cambridge, U.K. : Cambridge University Press, 1952)를 보라.

8

하지만 슈타이너 자신의 말대로라면, 그가 인지학이란 말을 쓰게
된 계기는 로베르트 침머만(Robert Zimmerman, 1824~1912)에게 있었
다. 침머만은 오스트리아 빈 출신의 철학자로서 슈타이너는 빈 대
학에서 그의 강의를 들었다.

1882년, 침머만은 〈인지학: 현실주의에 기반한 이상적 세계관에
대한 개요〉를 출판했다. 여기서 그는 헤겔류의 철학자들로 대표되
는 독일 이상주의라는 거대하고 추상적인 개념체계에 반기를 들었
다. 침머만에 의하면, 그러한 이상주의 철학자들은 최고의 추방 수
준에서 존재, 비존재, 현존, 모순과 같은 개념들로부터 시작하여 자
신들이 마치 신이나 되는 양 써내려 갔다는 것이다. 이는 경험적 바
탕을 잃어버리는 결과를 낳았다. 이에 맞서기 위해서(슈타이너가 이야
기하듯이) "침머만은 '우리는 인간들 내부의 신이, 신 중심의 관점으
로 이어지는 발언을 하도록 허락해서는 안 된다. …… 인간의 관점
에 확고하게 뿌리박아야 한다.'고 얘기했다. 이런 이유로 침머만은
그의 〈인지학〉을 집필하여 헤겔을 비롯한 다른 사람들의 신지학에

맞섰다.”[10]

슈타이너는 “후에 나는 이 〈인지학〉이라는 책제목으로부터 이 이름을 따왔다.”고 덧붙였다.(그러나 정말 이름뿐인 것이, 침머만이 ‘인간의 관점’을 옹호하기는 했으나 그 자신이 대항하려 하는 헤겔식 ‘신지론자들’과 마찬가지로 사실상 추상적 방법을 고수했기 때문이다.) 우리는 여기서 인지학을 이해할 수 있는 중요한 단서로 ‘인간의 관점’을 발견한다. 인지학은 인간의 관점에서 시작하는 정신적 행로—정신적 인식의 행로—인 것이다. 그렇다면 인간의 관점이란 무엇인가?

가장 넓은 의미에서 인간의 관점이란, 우리가 처한 세상 속에서 인간으로서 지금 있는 곳으로부터 시작한다는 의미이다. 다시 말하면 이는 너 자신을 알라는 델포이의 금언을 다시 한 번, 우리 시대에 합당하게 받아들인다는 뜻이다. 즉 ‘우리가 누구인가?’, 그리고 ‘인간이란 무엇인가?’를 질문하는 것으로부터 인간의 관점은 시작된다.

1912년 루돌프 슈타이너는 이 질문에 대한 대답으로 책을 한 권 쓰려고 했다. 그는 이 책을 끝낼 수가 없었고, 이 원고는 후에 단순히 〈인지학: 미완성 유고〉라는 제목으로 출판되었다. 그는 세 가지 다른 관점, 즉 인간 본성에 대한 접근법을 약속하면서 이 책을 시작한다.

---

10   루돌프 슈타이너, 〈인지학 운동〉(Rudolf Steiner Press, 1993), 33쪽 참조.

슈타이너는 그 첫 번째 관점으로 인류학적 접근을 말한다. 이는 현재 인정되는 과학적 방법의 한계 내에서 감각을 통해 우리가 인류에 대해 배울 수 있는 것을 정리한다. 여기서는 해부학, 심리학 등을 고려한다. 인간과 동물의 비슷한 점, 그리고 원주민 공동체에서 최고로 발달한 사회에 이르기까지 다양한 종족들의 문화를 탐구한다. 선사시대 종족들의 유물과 유적, 기후와 지리적 여건이 인간 생활에 미친 영향도 조사한다. 예술과 종교의 비교사뿐 아니라 어문학사도 연구한다. 한마디로, 슈타이너에게 인류학은 "좁은 의미에서 거기에 속하는 것뿐 아니라 인간 형태론, 생물학 등을 포함하는, 인간에 관한 물리적 연구의 총체"를 의미한다.

두 번째는 신지학의 관점이다. 슈타이너는 이 낱말의 쓰임에 대해 다음과 같이 적었다. "지금 우리의 의도는 이 낱말의 선택이 적절한지 혹은 부적절한지를 조사하고자 함이 아니다. 우리는 이 단어를 단순히 인간에 관한 연구에 있어 인지학과 대비되는 두 번째 관점을 지칭하는 데에 사용할 것이다." 신지학은 인간이 정신적 존재라고 가정한다. 이는 인간의 영혼이 감각지각적인 사물과 과정을 반영하고 흡수할 수 있다는 데 그치지 않고, 정신세계에서 순수하게 정신적인 삶을 영위할 수 있는 능력이 있다고 가정한다. 정신세계에서 끌어 모을 수 있는 많은 것들은 분명 지상의 삶에서 유용한 것으로 드러날 것이다. 그럼에도 인류학과 신지학이 발견한 것 사이에는 필연적인 '틈새'가 존재한다. 슈타이너에 의하면 인지학은 중간 통로로서 이 틈새를 메우는 역할을 하는 것이다.

만약 인류학이 그 지역에 관한 이해를 얻고자 이곳저곳, 이집 저집을 다니는 저지대의 여행자이고, 또 신지학이 같은 지역을 놓고 언덕 꼭대기에서 얻을 수 있는 조망으로 비유할 수 있다면, 인지학은 여러 세부 사항을 볼 수 있으면서도 그것들이 모여 전체를 이루는, 언덕의 비탈에서 보는 조망에 비유할 수 있다.

인지학은 인간을 관찰을 통해 드러나는 대로 연구하겠지만, 실제 관찰 속에서 그 물리 현상으로부터 정신적인 징후들을 끌어내려 노력할 것이다. …… 이는 협의의 인지학이 의미하는 것이다. 이는 영혼을 연구하는 정신분석학, 그리고 정신과 관계된 정신학(pneumatosophy)이 수반되어야 한다. 이로써 인지학은 신지학으로 넘어간다.[11]

---

11   루돌프 슈타이너, 〈인지학: 미완성 유고〉(Anthroposophic Press, 1988), 77~81쪽.

9

그러므로 이러한 우선적 의미에서 인지학이란, 우리가 살면서 정신과 영혼에 대한 자각을 통해 신지학, 곧 최고의 지혜를 에워싸기 위해 나아가는 바로 그곳에서 출발하고, 또 항상 그곳을 포함하는 통로이다. 이런 '인간에 대한 관점'은 슈타이너의 일생에 걸쳐 관련이 있으며, 질적으로 다른 여러 단계에서 전개되었다. 그리고 이 모든 단계는 그가 문화 운동으로 이어지기를 바랐던 세력의 점진적 발전에 공헌했다.

1861~83: 준비

슈타이너는 자연과 기술(그의 아버지는 철도회사에서 근무했다.), 그리고 가톨릭 성당에 둘러싸여 유년기를 보냈다.

그는 정신세계의 실재에 일찌감치 눈을 떴다. 아홉 살 되던 해에 그는 자살한 먼 친척의, 육체를 떠난 영혼과 조우했다. 이는 지극히 중요한 경험이었다. 기하학과 수학, 그리고 철학을 깊이 공부하면서 그는 **사유의 경험을 통해** 정신세계의 우위에 대한 확신을 굳히게 되었다.

이 단계에서, 그가 관여하는 데에 어려움을 느낀 것은 **물질세계**였다. 그러나 그가 이를 극복하자마자 '외부의 정신적 영향'은 그에게 새롭고 중요한 선물을 가져다주었다.

첫째, 그는 다음과 같이 회고하고 있다. "나는 시간의 개념에 대해 완전한 이해를 얻었다. 이 지식은 내 공부와는 전혀 관련이 없으며 정신적인 삶에 의해서만 인도된 것이었다. 나는 역행하는, 초자연적인 아스트랄적 진화가 있으며 이것은 순행하는 진화를 간섭한다는 사실을 이해했다. 이러한 지식은 정신적 통찰력의 전제 조건이 된다."[12]

두 번째로 "M.[Master: 스승]의 대리인과 알게 되었다." 대리인은 늙은 약초 수집상 펠릭스 코굿스키(Felix Kogutski)로서, 빈에서 약용 식물을 수집하여 판매하는 "남다를 것 없이 평범한 사람"이었다. 슈타이너는 그와 정신세계에 대한 대화를 나눌 수 있었다. 코굿스키는 경험을 지닌 어떤 사람이었다. 신앙심이 깊고 일반적인 의미에서의 교육을 받지 못한 그는 "숨겨진 세계들로부터 나오는 목소리"의 대변인일 뿐이라는 인상을 주었다. 코굿스키는 슈타이너에게 자연의 비밀로 들어가는 새로운 방법을 보여주었다. "그는 등으로 약

---

12 루돌프 슈타이너, 〈서간 서류집〉(Rudolf Steiner Press, 1988), 9쪽.

초 꾸러미를 져 날랐다. 그러나 마음속으로는 자연의 정신에서 얻은 것의 결실들을 운반했다."

세 번째로, 코굿스키와의 만남은 스승과의, 또 다른 좀 더 신비로운 조우로 이어졌다. 이 스승에 대해 슈타이너가 직접적으로 이야기한 적은 없지만, 종종 크리스티안 로젠크로이츠의 영으로 이야기된다. 이 스승으로부터 슈타이너는 현대의 '과학적' 의식에서 출발하여 정신적 인식으로 가는 다리를 놓으라는 지시를 받았다.

1884~1900: 철학적, 문화적 기반

이 기간 내내 슈타이너는 (다양하게 혼재된) 물질주의자, 실증론자, 그리고 칸트학파로 대변되는 지배적 패러다임에 맞서 철학적 대안을 구축하기 위해 노력하는 문화적 주류 안에서 활동했다. 이 기간에 이루어진 그의 활동에는 세 가지 명백한 영향(그리고 한 가지 은밀한 영향)을 끼쳤다.

괴테는 세계—대개 주관적이고 내적인 경험과 객관적이고 외적인 실제 경험으로 나뉘는—를 정제되고 선입견 없는 사유를 통해 전체로서 직관하는 방법을 보여주었다는 점에서 중요했다. 이는 슈타이너 자신의 경험이기도 했다. 그는 이러한 사유를 통해 자신이 "정신적 실재로서의 세계 안에" 살고 있음을 깨달았다. 이 경험으로부터 두 가지 결론이 도출된다. 첫째, 칸트학파의 믿음과는 반대로 우리가 알 수 있는 것에는 한계가 없다는 사실이다. 둘째, 세계는 물질적이며 물질로부터 진화해온 것이 아니라, 정신적이고 정신으로부터 '진화해'왔다는 것이다.

괴테의 해석에 새로운 세계관의 기반을 덧대는 일과, 철학자들을 직접 상대하면서 괴테와는 무관하게 그 자체로 성립될 수 있는 새 방법과 실천에 대해 "온전한 철학적" 설명을 시도하는 일은 사뭇 달랐다. 같은 기간에 슈타이너는 중요한 인식론적 저서 두 권, 〈진리와 과학〉과 〈자유의 철학〉에서 이러한 기획에 착수했다.

슈타이너가 스스로 규정한 임무는 그가 말한 대로 "칸트의 불건전한 신념"을 극복하는 일이었다. 칸트는 "우리의 감각과 이성 너머에 놓인 사물의 근본이 …… 우리의 인식 능력 밖에 있다."는 것을 증명하려 하였다. 그러므로 칸트는 우리가 알 수 있는 것이 인식과 경험의 일반적 형태에 제한돼 있다고 주장했다.(그리고 그는 증명했다고 생각했다.) '물 자체'는 영원히 수수께끼로 남는다고.

슈타이너는 우리가 할 일은 오로지 의식의 틀이 변화하고 온 세상이 바뀌는 체험임을 깨달았다. 이번에는 사유가 성취할 수 있는 것을 알아내기 위한 사유의 근본적인 조사에 기초를 두었다. 슈타이너는 이러한 노력의 결과를 〈진리와 인식〉 서문에 아래와 같이 서술한 바 있다.

진리는 보통 가정하는 것처럼 실재하는 어떤 것의 이상적인 반영이 아니라, 자유로운 활동에 의해 창조되는 인간 정신의 산물이다. 이 산물은 우리 스스로 창조하지 않았다면 아무데도 존재하지 않았을 것이다. 지식의 목적은 이미 존재하는 어떤 것을 개념적 형태로 **되풀이**하는 것이 아니다. 반대로, 감각 세계와 결합하여 완전한 실재를 구성하는, 전적으로 새로운 영역을 **창조**하는 것이다. 그러므로 인류 최고의 활동, 그 정신적 창조는 보편적인 세계 과정의 유기적인 부분이다. 세계 과정은 이러한 활동이 없다면 완전한, 잘 싸여진 총체로 간주되어서는 안 된다. 인간은 진화와 관련하여 인간의 참여 없이 일어나는 우주적 사건을 그냥 심상으로 되풀이만 하는 수동적 방관자가 아니다. 인간은 세계 과정에 있어서 능동적 공동 창조자이며, 인식은 우주라는 유기체 안에서 가장 완벽한 연결고리가 된다.[13]

이러한 견해는 슈타이너가 실재에 대한 인지학적 접근의 기반이자 원천이라 하여 평생을 두고 반복하여 되돌아간 〈자유의 철학〉에 아주 충분히 드러나 있다. 슈타이너에게는 이것이 첫 번째 '미가엘' 책—그가 1879년에 시작되었다고 말한 천사장 미가엘의 새 시대에 관한 첫 책이었다. 그러므로 이 책은 지식 이론에 관한 정보나 단순한 합리적, 논리적인 설명을 담은 책이 아니라, 실천을 위한 책이었다—오늘날의 명상 교과서라 부를 수 있을 것이다.

---

13   루돌프 슈타이너, 〈진리와 인식(*Truth and Knowledge*)〉(Steinerbooks, 1963), 11쪽.

이 책에서 그는, 이것을 두고 명상을 하면 당신은 내가(저자가) 했던 것과 똑같은 경험을 하게 될 것이라 주장한다—당신은 사랑 안에서 자유와 참 '나'의 일치를 경험할 것이다. 당신은 세계 진화에 대한 당신의 창조적 참여와 도덕적 책임의 진정한 의미를 이해하게 될 것이다. 이 연구를 두고, 슈타이너는 역사의 지평에 처음으로 나타난 진실로 독립적이고, 비지능적인 사유라고 이야기했다. 이런 '새로운 사유'가 이 시기 그의 연구에 나타난 두 번째 방향이었다.

괴테와 철학에 열중하는 것 이외에, 슈타이너는 이 기간에 문화적 아방가르드 삶에도 적극 참여했다. 그는 젊은 여류 시인 마리 오이게니 델레 그라치에(Marie Eugenie delle Grazie)의 객실에서 많은 시간을 보냈고, 그곳에 드나드는 사람들 속에서 당대 가장 진보적인 인사들을 만날 수 있었다. 또한 젊은 오스트리아 시인들이 자신들의 작품을 읽고 토론하는 모임에도 자주 나갔다. 밤에는 급진적인 '바그너학파' 사람, 신지학자, 신비주의자와 온갖 파벌의 정치 사상가가 모여 있는 카페들(특히 그리엔슈 타이들 카페)에 앉아 연구를 해나갔다. 누군가 그곳 분위기를 묘사했다면 아마도 '니체 철학적'이라 하지 않았을까 싶다. 그러므로 그가 문화에 기울인 심혈이 괴테적인 면모와 좀 더 엄격한 철학적 면모를 지니고 있음과 동시에 니체적이기도 하다는 사실을 발견하는 것은 그리 놀라운 일이 아니다. 슈타이너는 바이마르의 괴테 기록보관소에서 연구한 것과 마찬가지로 실제로 니체 기록보관소에서 연구를 하기도 했다. 그의 〈니

체: 자유의 투사〉나 1899년 논고 〈철학 속 개인주의[혹은 이기주의]〉
에서 이러한 연구의 결실을 볼 수 있다.[14] 아마도 이 글들은 슈타이
너의 저술 중 가장 급진적인 것으로, 이러한 개방적인 삶의 기간을
추단하기에 알맞은 종류들이다.

이 기간 내내, 가끔은 열정적으로, 또 가끔은 덜 열정적으로, 슈타
이너는 신비주의와 신지학 모임 등에 호의적인 발길을 하였다. 그
는 또한 지대한 관심을 가지고 심령술, 초(超)심리학, 그리고 최면술
의 최근 발달을 주시하였다. 그가 이러한 영역들에 접할 수 있도록
해준 이는 그리엔슈타이들 카페에서 만난 프리드리히 에크슈타인
(Friedrich Eckstein)이었다.

슈타이너와 같은 나이의 에크슈타인은 바그너학파였고 채식주의
자였으며 상징주의 철학가, 연금술사이자 음악가였다. 그는 신비주
의에 있어 슈타이너의 첫 번째 외부 스승이었다. 슈타이너는 1890
년에 그에게 이런 편지를 썼다. "내 인생에서 가장 중요하다고 여기
는 두 가지 사건이 있습니다. 첫 번째는 이야기할 수 없지만, 두 번
째는 당신을 알게 된 일입니다." 그들은 비의(秘儀)의 물음들에 대해
논의하고 비교 서적을 함께 탐독했다. 슈타이너가 그 방면에 대한
질문이 생기면 에크슈타인에게 가져갔다. 사실 에크슈타인은 1887

---

14 루돌프 슈타이너의 〈철학 속 개인주의(*Individualism in Philosophy*)〉(Mercury Press,
1989) 참조.

년에 블라바츠키 부인을 방문했던 것 같다. 그렇다면 당연히 슈타이너와 에크슈타인은 특히 신지학적 물음에 대한 토론을 벌였을 것이다. 실제로 에크슈타인은 자신이 슈타이너에게 〈비밀교의(The Secret Doctrine)〉를 전수했다고 주장한 바 있으나, 분명치 않다. 확실한 것은 에크슈타인이 슈타이너에게 신비주의를 전한 일이다.

슈타이너는 에크슈타인을 통해 당대를 주도했던 빈의 신비주의자들을 많이 만날 수 있었다. 그러한 모임은 종종 마리 랑(Marie Lang)의 객실에서 이루어졌으며, 나중엔 오스트리아 여성운동 지도자 로사 마이레더(Rosa Mayreder, 슈타이너의 또 다른 친구)도 함께하였다. 이 모든 것이 외적으로는 철학자이자 문학자였던 루돌프 슈타이너가 내적으로는 처음부터 분명히 신지학과 인지학의 정신적인 연구를 지향하며 노력하고 있었음을 말해준다.

1900~07: 신지학의 정신적 교사

신지학의 흐름에 동참하면서 슈타이너는 자신의 경험적 시련을 통해 그 가르침을 급속히 통달했다. 이를 통해 그는 신지학을 시험하고 변형하였다. 강연과 저서에는 슈타이너는 자신의 정신적 탐구로 확인할 수 있는 내용만을 가르쳤다. 그는 이론이 아니라 인식을 통해 자신이 받아들인 것만 가르쳤다. 그는 실로 신지학이 이론뿐 아니라 앎의 방법이란 것을 증명하는 일을 자신의 첫 번째 임무라고 보았다.

이를 위해서는 정신적인 지식에 대한 실제 접근법의 발달과 함께 현대 과학에 대한 비판적 평가가 필요했다. 신지학 모임들은 당시 과학의 권위에 심심한 경의를 표하고 있었다. 슈타이너는 애니 배산트(Annie Besant)나 리드비터(C. W. Leadbeater)를 포함한 대부분의 신지학 교사들과 달리 과학적인 훈련을 받은 사람이었다. 따라서 그는 정신적 통찰력의 정당화를 위해 과학이나 그 방법론을 도입할 수 없다는 사실을 깨달았다. 역시 물질주의는 물질주의고 인지학은 **정신과학**이었다.

그럼에도 슈타이너는 인지학 혹은 정신과학이 엄격하고 정직하며 현상학적이고 실험적이며 논리적이고 반복이 가능하다는 측면에서 과학적 방법론에 충실해야 한다고 생각했다. 또한 그는 목적과 이상으로서, 고대의 신비적 교의와 전통 문화에서 당연시하던, 과학과 예술, 종교의 합일을 제안했다. 이때 그가 말한 과학은 추상적인 기계적 물질주의식의 관습적인 과학은 분명 아니었다. 이런 의미에서, 현대 과학은 사실상 궤도를 벗어났으며, 만일에 다른 방향을 잡았거나 강조점을 달리했다면 아주 다른 과학적 접근 이론을 만들어냈을 것이다. 이를 바로잡고자 다른 가설들을 토대로 대안과학을 창출하게 된 것이다.

이와 동시에, 자신은 동양인이 아니라 서양인이었으므로, 슈타이너는 신지학적 통찰력을 서양 비교주의와 철학 내에서 재구축해야 할 필요성을 느꼈다.

나아가 그는 반그리스도적 편견을 지닌 신지학에다, 그리스도와 골고다의 신비의 진정한 의미를 불어넣어야 한다고 생각했다.(때문에 애니 베산트에게 슈타이너는 '독일 기독교 신비주의자'로 받아들여졌다.)

슈타이너의 목표는 결코 신지학을 무산시키려는 것이 아니었다. 그는 단지 신지학이 내건 "진리보다 상위의 종교는 없다."는 좌우명에 일치하도록 그것을 완성하고자 했다. 여기에는 두 가지 의미가 있다. 첫째, 자신의 직접 경험으로 비추어 그리스도의 부활은 인간과 우주 진화의 중심에 있는 진리였으므로, 이 진리와 다른 신지학적 진리들을 통합하는 일이 그의 임무라고 생각했다. 둘째, 그는 의식이 진화한다는 사실(역시 자신의 직접 경험을 통해 실재함을 알게 된)이 존중되어야 한다고 느꼈다. 과학적 사고로 전형화된 '의식혼'의 시대에서, 정신적 계시의 내용은 더는 침침한 신비주의로서가 아닌, 엄격하고 정직하고 현상학적이면서 논리적인 형태로 전해져야 했다.

그러므로 비의적(秘儀的)인 가르침의 이 첫 번째 시기는 인지학—인간의 자기 인식의 과학—의 기반을 가장 분명하고 이해하기 쉬운 방법으로 놓아가는 기간이었다. 이를 위해 슈타이너는 이른바 '기본서들'—〈어떻게 더 높은 세계를 인식하는가〉, 〈신지학〉, 그리고 〈신비학 개요〉—을 저술했다. 이런 저서들은 내적 발달의 통로를 펼쳐 보였고, 정신적 존재로서의 인간의 정신심리 구조와 진화를 설명했다. 〈자유의 철학〉과 더불어 이 책들은 인지학의 핵심적인 가르침을 이룬다. 이는 그의 업적의 겉모습을 완성시켰다. 내적으로는 비교(秘敎) 운동의 기초를 세우는 과제에 착수했다. 우선은 기존의 신지학협회 비교분과 내에서 교사가 되어 그 가르침들을 활용하는 것으로 이 일을 수행하였으나, 그는 차츰 그것들을 자신의 '인지학적' 지향에 비추어 변형해나갔다. 동시에 그는 이 비교 연구에 "인식상의 제식 순서(cognitive ritual order)"를 덧붙였고, 이는 프리메이슨 교의의 유사한 변형이었다. 이들 모임에서 슈타이너는 비교 강의와 개인적인 정신 지도를 하였다.

1907~14: 그리스도와 기독교

이 시기의 특징은 기독교적 신비주의가 그 깊이를 더한다는 것이다. 실제로 이러한 그리스도에 대한 인지학적 이해를 정교하게 하는 작업은, 골고다의 신비 전에, 또 신비가 이루어지던 사이와 그 이후에 이루어진 그리스도 행위의 의미와 복음서들에 대한 정신적 탐구를 집중적으로 수반하였다. 이 놀라운 연구를 따라, 인간 자연 우주 속의 정신세계가 그리스도와 협력하고 있다는, 깊이를 알 수 없는 계시가 드러났다.[15]

이 모든 것은 직립, 말, 사고, 양심, 경이로움, 놀라움, 기억 등과

---

15 루돌프 슈타이너는 복음서의 모든 저자(마태, 마가, 누가, 요한)에 대하여 중요한 연속 강연을 하였다. 모두 Anthroposophic Press에서 출판되었다. '골고다 이전' 그리스도의 행적에 대한 슈타이너의 단일 강연 역시 같은 곳에서 출판되었다. 현 시대 그리스도 활동에 대한 그의 기본 관점은 〈에테르 안에서의 그리스도의 재림(The Reappearance of Christ in the Etheric)〉(Anthroposophic Press, 1987)에서 확인할 수 있다.

같은 인간의 보편적 특징이 지니는 정신적 의미에 대한 완전히 새로운 이해만이 아니라, 카르마와 재육화, 죽음 뒤의 삶에 대한 깊은 탐구까지 포함하여, 인간의 관점이 심화되고 있음을 의미했다.[16] 동시에 예술에도 새로이 초점을 맞추었는데, 우선 신비극(1910~13)을 집필 상연하였고, 이어서 인지학의 거처가 될 건물 또는 '전당' 건설을 추진하기 시작하였다. 이와 함께—그리고 신지학협회를 탈퇴함과 아울러—인지학은 일반적인 문화와 문명 속으로 더 널리 퍼지기 시작했다.

1914~18: 악의 인지와 극복

물론 이 시기는 제1차 세계대전 기간이다. 인지학에서는 스위스 도르나흐에 인지학의 물질적, 정신적 고향인 첫 번째 괴테아눔이 지어진 기간이기도 하다. 괴테아눔은 사실 한 해 전인 1913년 9월 20일, 가랑비가 내리고 멀리 천둥소리가 들려오는 날 저녁에 착공되었다. 슈타이너는 이를 기념해 시를 한 편 읊었다. 그가 낭송을 끝내자 천둥번개가 내리치고 비가 퍼붓기 시작했다.

---

16 수많은 책 가운데서도 특히 René Querido가 편집한 〈재육화에 대한 서양식 접근법 (A Western Approach to Reincarnation)〉(Anthroposophic Press, 1996)과 루돌프 슈타이너의 〈개인과 인류의 정신적 지도(Spiritual Guidance of the Individual and Humanity)〉(Anthroposophic Press, 1993)를 참조하라.

옴,

아멘.

악들이 세를 떨칩니다

스스로를 떼어내는

내 자신임을 증언하고

다른 이들이 있어 생겨나는

이기심의 죄악을

일용할 양식 속에서 경험하나니

그곳은 하늘의 뜻이

다스리지 않는 곳,

인류 스스로

당신의 왕국에서 떨어져

당신의 이름을

망각하기 때문입니다.

오오 하늘에 계신 아버지시여.

이 시—이른바 "대우주적 주기도문"—는 기독교 신비주의에 대한 슈타이너의 정신적인 연구에서 비롯했다. 이른바 "지식의 복음서"라 불리는 〈제5 복음서〉[17]에 대한 강연들에서 그는 젊은 예수가

야훼의 정신에서 나오는, 신비로운 예언적 영감의 목소리인 **바트콜**이 약해졌다는 사실을 어떻게 깨닫게 됐는지를 이야기했다. 바트콜은 이제 인류에게 예전과 같은 영감을 가져다줄 수 없었다. 성스러운 계시에 다다를 수 있는 능력은 사라졌다. 이를 알아차린 예수는 방랑을 시작했다. 팔레스타인을 벗어난 어딘가에서 그는 '이교도'의 성지 앞에 섰다. 예수의 나이 24세였다. 사람들은 불행과 괴로움으로 고통을 받았다. 성직자들은 이미 떠나고 없었다. 희생이란 더는 존재하지 않았다. 예수에게 무한한 사랑의 표출을 느낀 사람들은 그를 제단으로 내몰았다. 즉시 그의 영혼은 정신적 영역들로 전이되었다. 그는 인류의 모든 고통과 슬픔이 응축된 인간 영혼의 심연을 응시했다. 그러자 예수는 태양의 영역으로 올라가는 것을 느꼈다. 거기서 그는 바트콜의 지혜의 목소리, 변형된 목소리를 들었다. 이때 예수가 들은 말의 의미가 바로 슈타이너가 괴테아눔의 초석에 새긴 우주의 기도문이 되었다. 슈타이너는 '자아'의 해방과 정신세계로부터의 분리를 수반하는, 악의 인식에 관한 이 기도문을 발설한 것이 "우리의 활동 과정에서 겪은 일 가운데 가장 숭고한 순간 중 하나"였다고 했다.

괴테아눔의 점진적인 건설 외에도, 전쟁 시기에는 악을 극복하는 일이 새로이 강조되었다. 슈타이너는 악이 가지고 있는, 서로 별개

---

17 루돌프 슈타이너, 〈제5 복음서〉(Rudolf Steiner Press, 2002).

이면서도 협력 관계에 있는 두 가지 힘 혹은 존재를 구분해냈다. 그는 이 두 세력을 루시퍼(Lucifer)와 아리만(Ahriman)이라 불렀는데, 루시퍼는 정신세계로 물러나 천국으로 돌아가라며 지상의 인류를 유혹한다. 이에 비해 아리만의 역할은 인류를 반대 방향으로—물질세계, 경직된 사고, 두뇌가 만들어낸 거짓 천국에 빠지도록—유혹하는 것이다. 이 두 세력은, 슈타이너가 생각하기에, 현대 문명의 모든 면에서(인지학을 포함하여) 죽음의 힘은 제외하고 삶의 외양만으로 문화를 창조하는 일에 협력했다.

이 죽음의 문화의 실재는, 인지학이 우리가 사는 특정 시대의 정신적 통치자인 대천사 미가엘을 돕기 위해 탄생했다는 사실을 점점 깨달아가는 자신을 발견하면서 그에게 굉장한 확신으로 다가왔다.

비교주의자들은 미가엘이 1879년에 지배권을 장악하였으며, 그 전에 하늘에서 큰 전쟁이 일어나 승리한 대천사가 마침내 아리만 세력을 누르고 지상으로 쫓아버림으로써 그들은 이제 지상에서 고삐 풀린 것처럼 되었다고들 하였다.[18] 미가엘을 돕는 인지학은 이들 세력을 무찔러야 했다. 이 전투는 무엇보다 "그리스도로 충만한" 인간 관점의 중도를 가는 동안 정신적인 것의 탁월함을 주장할 수 있는 인지학자들의 능력에 달려 있었다.

---

18 루돌프 슈타이너의 〈대천사 미가엘: 그의 임무와 우리의 임무〉(Anthroposophic Press, 1994) 참조.

세계에 이러한 비전을 알리기 위해 슈타이너는 역사 과정 안에 있는 정신적인 신비들을 풀기 시작했다. 그는 수많은 연속 강연을 통해 이 일을 해냈다.[19] 이와 동시에 슈타이너는 죽은 자들과 협력하고, 산 자와 죽은 자의 공동체를 받아들이는 일이 중요하다는 데에 초점을 맞추었다. 그는 이에 대해 인간들은 문지방 양편에서 단일한 생명 실체를 형성할 수 있기 때문이라고 가르쳤다.[20]

1918~22: 인지학과 사회활동

전쟁이 종결되어 합스부르크 제국은 몰락하고 독일이 혼돈에 빠져 있을 때, 슈타이너는 세계를 재건하고 악의 충동을 변화시키는 '미가엘' 운동을 일으키는 임무에 착수했다. 이제 내적인 작업만으로는 충분치 않았다. 절체절명의 상황이었다. 사회, 정치, 과학, 종교, 의학, 그리고 농업에 이르는 각종 개혁이 요구되었다. 슈타이너는 이 일에 온 정성을 다해 임했다.

이것이 이른바 '사회 삼중구조 체제' 운동으로 이어졌다. 이는 형제애의 경제적 영역, 평등의 사법적 영역, 그리고 자유의 문화적 영역을 자율적이면서도 상호의존적으로 파악했다. 이 운동의 성과는 미미했으나 이를 바탕으로 발도르프 교육이 탄생했다. 그리고 서

---

19   일례로, 루돌프 슈타이너의 〈현대 역사의 징후에서 실재까지(*From Symptom to Reality in Modern History*)〉(Rudolf Steiner Press, 1972) 참조.

20   루돌프 슈타이너, 〈연결된 채로 있기〉(Anthroposophic Press, 1998) 참조.

그리스도 공동체(혹은 종교 부흥 운동), 인지학적 의학, 생명 역동 농업
이 뒤를 이었다. 시작 단계에서는 과거의 모든 연구를 모아 전달할
수 있는 형태로 종합해야 했다. 슈타이너는 그전부터 수년에 걸쳐
인간 본성의 삼중 구조(사고하고 느끼고 바라는)를 독특한 방법으로 꿰
뚫어보고 있었다. 이 모든 것이 이제 정신세계들에 대한 그의 폭넓
은 체험의 조명 아래 결실을 보게 되었다.

1923~25: 마지막 개화

1922년 크리스마스 날, 슈타이너는 그의 아내이자 동료인 마리 폰
지버스 슈타이너를 위한 명상을 적었다.

  한때 별들은 인간에게

  말을 건넸건만,

  점점 깊어가는 별들의 침묵은

  세상의 운명이네.

  지상의 인간에게는

  별들의 무언(無言)을 깨닫는 것이

  고통일 수 있지만.

  이런 무언의 고요 속에서

인간이 별들에게

할 수 있는 말이

성숙해지네.

정신인간에게는

이를 깨닫는 것이

힘이 된다네.[21]

엿새 뒤인 1922년의 마지막 날 10시쯤, 괴테아눔의 남쪽 옆으로 늘린 부석 건물의 서쪽 외벽에 불이 났다. 자정에 불길은 밤하늘로 치솟았고, 동틀 녘엔 신성한 건축물의 걸작이자 '새로운 신비'를 위한 정신의 참된 사원, 각국 자원봉사자들이 새기고 조각한 목재로 만들어진, 그리고 아직도 건축 중이었던 이곳이 화염에 휩싸여 무너져버렸다. 남은 것은 연기와 재뿐이었다. 건물의 초석이 놓인 지 9년 만의 일이었다. 며칠 전 그가 읊었다는, 위에 인용된 마리 슈타이너에게 준 시는 묘한 반향을 일으켰다.

"대우주적 우리 아버지"라는 예수의 경험에 대한 슈타이너의 기술은 마리 슈타이너에게 건넨 크리스마스 시뿐 아니라 그 함축된 의미에 대해서도 실마리를 던진다.

---

21   루돌프 슈타이너, 〈시와 명상(Verses and Meditations)〉(Rudolf Steiner Press, 1972), 97 쪽 참조. 편자 역.

인지학은 인간의 정신을 우주의 정신과 연결하는 인식의 통로라는 정의를 반영하여 슈타이너는 다음과 같이 이야기한다. "예수 안에서 깨달음이 나타나기 시작했다. …… '내가 인간에게 가르쳐야 하는 것은, 신들이 정신으로부터 지상까지의 통로를 어떻게 준비했는지가 아니라, 인류가 이제 지상으로부터 정신에 이르는 통로를 어떻게 찾을 수 있는가이다.'"[22]

지상으로부터 정신세계에 도달하는 이 통로는 슈타이너가 평생 추구한 통로이기도 하다. 이는 인지학의 통로이다. 길을 가는 동안 많은 것이 변했다. 슈타이너의 이해는 깊어지고 진화했으며, 그의 경험은 더욱 광범위해졌다. 그는 변화하는 환경에 끊임없이 대응했다. 이는 슈타이너의 연구 배경이 급격히 변하였음을 의미했다. 그러나 그는 기본 방향만큼은 결코 바꾸지 않았다. 첫 연구에서 마지막 연구에 이르기까지 그는 지상에서 정신세계에 이르는 통로, 보통 사람의 의식이, 인간적이라는 말이 의미하는 바의 기본적인 정신성, 곧 정신적인 본성에 접근할 수 있을 때에만 이용 가능한 그 통로를 찾고자 애썼다. 그가 이해하기에, 정신의 실재에 접근하고 이를 경험하는 것은 단순히 '다리'를 놓는 일 이상이었다. 그것은 그 자체로 적절한 일이었다.

---

22   슈타이너, 〈제5 복음서〉, 101쪽.

괴테아눔의 화재로 결정적인 전기가 마련되었다. 이 비극적 재난은 다른 한편으론 세계의 미래를 위해 인지학을 정착시킬 거의 마지막 기회를 제공한 것 같았다. 연속성 역시 필수적이었다. 연속성 없이는 아무 일도 일어날 수 없었다. 1923년 1월 1일, 슈타이너는 평상시와 다름없이 강의를 했고 곧바로 재건축 계획에 대해 이야기하기 시작했다.

시대 상황은 최악이었다. 1월 11일, 프랑스는 전시 배상을 요구하며 루르 지방을 점령했다. 가을쯤에 독일 경제는 완전히 파산 상태였다. 11월 9일엔 히틀러가 처음 권력을 잡으려다 실패하고 체포되었다. 투옥된 히틀러는 독방에서 〈나의 투쟁〉을 저술할 기회를 얻었다. 전선이 그어졌다.

전반적인 정치적 긴장과 격변 속에서 인지학의 기반 역시 흔들리고 있었다. 1922년 9월 그리스도 공동체의 설립은 다소 역효과를 냈다. 광범한 문화 운동을 지향하긴 했지만, 사실상 인지학자 전체가 거기에 참여하기 위해 몰려드는 일이 일어났다. 마치 인지학은 그것만 가지고는 정신적인 통로로 부족하며, 모든 이의 정신적인 필요를 충족시킬 수는 없는 듯이 보였다. 일부는 인지학이 자신만의 '교회'가 있는 것과 같은 인상을 받았다. 다른 이들은 이 '교회'가 (무관치 않다면 파생적으로) 인지학을 만들었다고 믿었다. 이제는 안정기에 접어든 발도르프 교육 또한, 정신적 탐구를 시작하는 통로로서의 인지학과, 중요한 교육개혁 운동에 있어 인지학적인 적용 사이에 비슷한 긴장을 만들어냈다. 지켜야 할 원천 중 으뜸은 무엇이었을까?

동시에 슈타이너는 세대 간에 벌어지는 사실상의 전쟁과 싸워야 했다. 원기 왕성한 젊은이들은 새로운 문제의식과 이상, 포부를 가지고 인지학에 접근하고 있었다. 세계대전 시기에 성장하고, 전쟁 후 뒤따르는 혼돈과 혼란을 체험한 이들은 자유와 변화를 추구했다. 새로운 협회인 자유인지학협회가 형성되었다. 나이 든 회원들은 젊은이들의 열정과 헌신, 창조력과 편견 없음 앞에서 무력감을 느꼈다. 무엇을 해야 할지 알지 못한 채, 반사적 반응으로 그들은 일치단결하여 전통주의와 독단주의, 그리고 위계질서 안에서 안식처를 찾았다. 다시 말해 협회가 분열되고 있었다. 외적으로 또한 인지학에 대한 공격이 거세어졌다. 슈타이너를 암살하려는 시도가 두 번 있었다.

이러한 사건들이 1923년 7월에 발표되었으며 영어로는 처음 출간하는 이 책에 담긴 강연의 배경을 이룬다. 여기서 슈타이너는 줄곧 기본으로, 인지학의 본질적인 정신적 원천과 임무로 돌아가야 한다고 역설한다.

그는 인지학자들에게 "인지학의 정신적 중심으로부터 작업하며, 이 중심에서 나오는 진정한 내적 작업과 분위기 속에서 결코 혼동하지 말 것"을 촉구했다.

그의 말에 의하면 "우리는 교사 집단, 종교 부흥 집단, 과학자 집단, 젊은이 집단이 되어서는 안 된다. 우리는 공동체를 창출한 원천을 깨달아 인지학적 공동체가 되어야 한다. …… 우리들 간의 분화(分化)는 우리가 미처 깨닫지 못하는 사이에 너무나 심화되었다. 어떤 경우는 너무 심해져서 그 모체마저 잊혔다."

이런 분열과 파벌적 경향을 극복하기 위해서 슈타이너는 두 방면에 힘을 기울였다. 인지학의 새 정신적 중심을 만들어내는 일과 인지학의 새 언어를 창조하는 일이 그것이다. 첫 번째는 슈타이너를 회장으로 1923~24년 크리스마스 회의에서 창설된 일반인지학협회로 결실을 보았다. 슈타이너가 인지학협회에 실제로 참여하여 그의 '카르마'를 회원들과 연결한 것은 이번이 처음이었다. 자연스럽게 정신적 중심의 상징으로서 괴테아눔을 재건축하는 계획이 추진되었다. 그해의 정신적 주기와 함께하는 축제 주기에 대한 강연은 그가 구상한 인간 공동체의 모습에 대한 일종의 주요 악상을 제공했다.

이제 인지학을 기술하기 위해 사용되는 언어에 관한 한, 좀 더 직접적이며 실제적이고, 또 전문 용어를 배제하게 되었다. 무엇보다 슈타이너는 당시 만연해 있던 경직된 주지주의에서 인지학자들을 해방시키고자 했다. 그는 감정과 마음의 영역을 새로이 강조하기 시작했다. 그는 신비한 도구 없이 기억이나 상상력, 사랑, 꿈과 같은 인간의 능력에 대해 이야기했다. 새 기운을 불어넣은 것이었다. 동시에 슈타이너는 대천사 미가엘의 징표하에 그를 도와 봉사하는 인지학의 임무를 좀 더 분명하게 드러내었다. 미가엘 시대의 과제는 마음이 사고하기 시작해야 한다는 것이었다. 공식적으로 밝힌 적은 없으나 이 주제는 마지막 두 해에 이루어진 강연들 곳곳에 명시적이지는 않으나 비중 있게 엮여 들어가 있다.

이제 그가 가르치는 인지학은 좀 더 현상학적이고 실체론적으로 되었다—경험의 직접적인 표현이 된 것이다. 어떻게 보면 그것은 처음으로 되돌아간 것이었다. 경험이 다시 해결의 열쇠로 부각되었다. 경험이란 지적 문제가 아니다. 이는 무엇보다 감정의 문제이다. 따라서 감정 역시 부각되었다. 인지적인 감정, 즉 사고하는 마음을 발전시킬 필요가 있었다.

같은 맥락에서 슈타이너는 더 개인적으로 이야기를 끌어가기 시작했다. 결국 그의 이야기는 그만의 경험이었다. 그는 자신의 삶, 정신세계를 향한 자신의 여행 기록에 대해 더 많이 언급하고 회고하기 시작했는데, 이 여행은 실제로 죽은 자를 만난 경험에서 시작된다. 그가 언급한 영시(靈視, clairvoyant experience) 체험 중 첫 번째 구체적인 예는 아홉 살쯤에 자살한 여자의 영혼이 그에게 다가와 도움을 청한 일이었다. 이는 그의 일생에 걸친 과제의 서막을 알린 사건이었다. 그가 성장하면서, 사후 세계에 대한 질문—천상의 영역을 거치는 사후 여행과 재육화 과정뿐 아니라 산 자와 죽은 자의 공동체까지—은 그에게 가장 중요해졌고, 그는 반복해서 이 질문을 탐구했다.

다음은 이 책에 수록된 강연의 배경이다. 장소는 괴테아눔에 비극적 화재가 발생한 지 7개월 후 열린 인지학협회의 첫 국제 모임이었다. 그 시간에는 괴테아눔의 재건에 관한 논의가 있었다. 운영진과 보험사 간의 협상이 이루어진 후 6월에 완료된 일련의 회의에서 신 괴테아눔 건축안은 만장일치의 찬성을 얻었다. 그러나 논점은 이것뿐이 아니었다. 새로운 괴테아눔은 무엇을 위한 것인가? 괴테아눔이 이루어야 하는 목적은 무엇인가? 인지학이란 실제로 무엇인가? 인지학의 임무는 무엇인가? 이 때문에 슈타이너는 드러내진 않았지만 각성을 촉구하는 강연을 한 것이다.

10

이 강연을 하고 나서 6개월 뒤에 슈타이너는 인지학협회를 재건립했다. 그는 이곳의 중앙에, 아래에 소개하는 '명상 초석'을 세웠다. 슈타이너는, 이 기도문 혹은 주문에는 인지학 전체가 짧게 응축돼 있으므로, 모든 인지학자가 가슴에 두고 항시 잊지 말아야 할 것이라고 말했다.

인간 영혼이여!
너는 공간의 세계를 가로질러
정신의 바다로 너를 데려갈
사지(四肢) 속에 살고 있다
영혼 깊은 곳에서
정신 명상을 실천하라.
그곳엔 강력한
창조자의 존재가 있어
너의 자아가

신의 자아 안에 도달할 수 있나니.

그러면 너는 진정

인간적이면서 우주적인 존재 안에 살게 되리라.

높은 곳의 아버지 정신이 존재를 생성하며

세상 깊은 곳을 다스리시므로.

힘의 정신들은,

깊은 곳의 메아리가

높은 곳으로부터 울려퍼지게 하며

인류의 존재는 신으로부터 탄생한다고

이야기한다.

동서남북의 정신들은 이 소리를 듣는다.

인간도 이 소리를 듣기를.

인간 영혼이여!

너는 계절의 순환을 가로질러

네 영혼적인 느낌으로 너를 이끌어줄

심장과 허파의 울림 속에 살고 있다.

영혼의 평온 속에서

정신 자각을 실천하라.

그곳엔 밀려드는

세상 생성의 행위가

너의 자아와

세상의 자아를

융합하나니.

그러면 너는 진정

영혼의 내적 작용 속에서 느끼리라.

그리스도가 세상 순환 속에서 영혼에 은혜를 내리시며

우리를 둘러싼 영역들을 다스리실 것이므로.

빛의 정신들은,

서쪽에서 만들어진 빛이

동쪽에서 타오르게 하며

그리스도 안에서 죽음은 생명이 된다고

이야기한다.

동서남북의 정신들은 이 소리를 듣는다.

인간도 이 소리를 듣기를!

인간 영혼이여!

너는 불멸의 토대로부터

우주적 사유가 네 앞에서 베일을 벗는

머리의 침묵 속에 살고 있다.

사유의 평화 속에서

정신 응시를 실천하라.

그곳엔 네 자유의지를 위하여

신의 영원한 뜻이

너의 가장 깊숙한 자아에

우주 존재의 빛을 비추나니.

그러면 너는 진정

인간 정신의 토대에서 사유하리라.

정신의 우주적 사유는 빛을 간구하며

세상의 존재를 다스리시므로.

영혼의 정신들은,

높은 곳에서 들려오는 소리를

깊은 곳에서 찾아내도록 하며

정신의 우주적 사고 안에서 영혼이 깨어난다고

이야기한다.

동서남북의 정신들은 이 소리를 듣는다.

인간도 이 소리를 듣기를.

시대가 변화할 때

우주 정신의 빛은

지상 존재의 흐름 속으로 내려온다.

밤의 어둠은

소멸하였다.

대낮의 빛이

인간 영혼으로 흘러들었다―

가난한 양치기들의 마음을

따뜻이 데우는

빛,

왕들의 총명한 머리를

밝게 하는

빛,

신성한 빛

그리스도의 태양이

우리의 마음속을

따뜻이 데우고

우리의 머리를

밝게 한다.

우리 마음으로부터

우리가 창조하는

우리 머리로부터

우리가 인도하는 것이

확고한 의지 속에서

선(善)할 수 있도록.[23]

23   루돌프 슈타이너, 〈크리스마스 회의〉(Anthroposophic Press, 1990), 286쪽. 번역 개정판.

11

오늘날 개인 구도자에게 인지학이 제공하는 것은 무엇인가? 다음 강연들을 주의 깊게 읽다 보면 아마 답이 나올 것이다. 그러나 이 답을 발견하기 위해서는 정보를 중심에 두기보다는 어조나 의식의 질, 그리고 함축을 중심으로 읽어야 한다. 아마 무엇보다 우리에게 어떻게 말을 건네고 있는지를 알아차릴 수 있어야 할 것이다.

뒤에 나오는 내용이 강연이고, 슈타이너가 청중 모두에게 친구로서 말을 걸고, 일대일로 이야기하듯이 진행하고 있기 때문에 조금의 상상력을 동원하면 거의 80년이 지난 현재도 독자인 우리에게 개별적으로 말을 건네는 듯한 느낌을 받을 수 있다.

이런 의미에서, 슈타이너는 우리에게 개인적으로 이야기하고 있다. 그는 고유의 개성과 역사, 그리고 무엇이 중요한지에 대해 고유의 감각을 지닌 한 인간으로 우리 앞에 선다. 그가 우리의 인간성 안에서 이야기하고 우리의 '상식'에 말을 건네기 때문에 우리는 그의 말을 이해할 수 있다. '상식'이란 공유된 실증주의 같은 의미를 가지게 되었지만 원뜻(슈타이너가 종종 쓰는 의미이기도 한)은 "건강한 인간의 이해력"에 가깝다. 이러한 마음의 상태는 개방적이고 편견이 없으며 감정 이입이 가능하다. 이는 말해지는 내용의 진실과 실재가 자연스럽게 드러나도록 한다. 또 귀담아 듣게 한다.

따라서 이 강연을 듣는 우리는, 인간이 되는 것은 존재의 신비와 특별하게 연결돼 있다는 것을 이해하기 시작한다. 진정한 인간이 되는 것은 과제이자 책임—부담이 아니라 커다란 선물—이라는 사실을 이해하기 시작한다. 이 선물을 받아들인다는 건 우리가 인간으로서 타고난 고결함과 존엄을 받아들인다는 뜻이다. 모든 종교 전통에서 인간으로 태어나는 것보다 더 소중한 선물은 없다고 이야기하는 것은 당연하다. 그리고 우리는 모두 인간으로 태어났다! 우리는 인간이 된 책임을 외면할 수 없다. "그건 내 책임이 아니야. 성직자나 철학자, 과학자, 신비주의자, 성인, 비교주의자나 그런 사람들 몫이겠지 내 책임은 아니야. 난 그냥 평범한 사람인 걸." 이렇게 변명하며 자기 자신의 안락함과 물질적 소유에는 힘을 쏟지만 나머지 것은 회피하는 일이 이제 가능하지 않다.

인지학은 사고하는 모든 인간, 느끼는 마음을 가진 개개인에게 말을 건넨다. 우리는 개개인의 고유성으로 세계의 변형에 일익을 담당하도록 운명 지어져 있다. 이 강연들이, 비록 단편적이고 대부분 즉석에서 이루어지긴 했지만, 이런 시작의 계기가 됐으면 하는 바람이다.

루돌프 슈타이너의 세 관점

자유는 에테르체의 내적인 근본 형태입니다.
기억은 아스트랄체의, 꿈을 만들어내는 힘으로서
우리 안에서 생겨납니다.
사랑은 우리가 외부 세계에 아낌없이 헌신할 수 있도록
우리 안에 생겨나는 지도적 힘입니다.

자유로운 느낌,
기억의 힘(우리가 과거와 현재를 연결할 수 있도록 해주는),
그리고 우리의 내적인 삶을 내주고 외부 세계와
하나 되게 하는 사랑의 힘.
이 세 가지 능력을 내적으로 지니게 되면 영혼에 정신이
스며듭니다.

1 물질적 관점
1923년 7월 20일, 도르나흐

최근 수많은 우리 회원 사이에, 특히 과학적 배경을 가지고 있는 사람들 사이에 어떤 확신이 생겨났습니다. 정신과학적 혹은 인지학적 세계관이나 요즘 과학적 우주론이란 이름으로 통하는 것은 모두 그 기초가 19세기 후반에 놓인 것들로, 이 둘 간의 관계에 대하여 광범한 토론과 논쟁이 필요하다는 것이 전반적인 분위기입니다. 그 사람들은 단순하게도, 그들 생각대로 만약 인지학이 현대 과학으로의 접근을 시도하고, 혹은 더 나아가 현대 과학과 의견을 교환할 수 있게 된다면 인지학을 수행하는 데 매우 긍정적인 결과가 기다리고 있을 것으로 믿습니다.

과학적 연구가 인지학협회에서 중요한 몫을 담당해온 것은 사실입니다. 이는 물론 여러 면에서 바람직합니다. 그러나 인지학적 과학 연구가 중요해진 바로 그만큼 일반적 개념의 과학과 인지학의 관계에 관한 오해가 생겨났습니다.

우리는 19세기 동안에, 일반적으로 과학이라 불려왔고 지금도 그렇게 불리는 것의 영향을 받아, 일반 교육이 인지학과는 사뭇 다른 성격을 띠었음을 잊어서는 안 됩니다. 따라서 우리가 바로 추측할 수 있는 사실은, 현 시대의 과학 생활을 통해 사고하는 습관을 형성한 사람이라면 별 어려움 없이 인지학적 개념들로 옮아가는 일이 사실상 불가능하다는 점을 깨닫게 되리라는 것입니다. 또한 우리가 과학이 어떤 방식으로든 인지학적 우주론에 동의하리라고는 거의 기대할 수 없다는 사실도 깨달아야 합니다.

인지학적 우주론의 진실을 이해하는 일이 아주 쉽다고 생각할 사람은, 사실 오늘날의 과학적 담론에 의해 사고하는 습관이 형성되지 않은 사람들, 혹은 젊었을 때 그 습관을 익히자마자 서둘러 거기서 벗어난 사람들이지요.

앞으로 이어질 강연들에서 저는 인지학의 길을 세 가지 관점에서 살펴보고자 합니다. 이 세 관점은 방금 제가 한 말에 좀 더 힘을 실어줄 것입니다.

이곳에 오기까지 먼 길을 여행한 동지들이 되도록 많은 것을 가지고 돌아갈 수 있도록, 저는 어느 정도 경구식으로 강연을 할 예정입니다. 여전히 순수 인지학적 발언에 기반을 두면서, 현재 문화 생활의 다양한 구현 속에서 연관점을 찾아볼 것입니다.

이전의 강연들이나 책을 통해 우리는 죽음을 거치는 동안 경험할 수 있는 실재에 관해 배웠습니다.[1]

---

1   무엇보다 루돌프 슈타이너의 〈신지학〉(Anthroposophic Press, 1998), 〈신비학 개

인지학이 물질계를 어떻게 바라보는가(다시 말해 "인지학의 물질적 관점")에 대한 생각이 여러분의 영혼에 떠오를 수 있도록, 오늘은 죽음의 문을 통과한 후에 경험하는 삶의 가장 첫 번째 양상만을 다루도록 하겠습니다.

지상의 삶에서 물질육체와 에테르 혹은 형성하는 힘 사이에 밀접한 연관이 있다면, 이 연관성은 사는 내내 온전하게 지속되는 것이라고 막연히들 얘기하곤 합니다.[2]

하지만 사실 평범한 지상의 삶에서 평범한 인간의 의식은 잠과 꿈의 상태로 인해 단절됩니다. 그때는 아스트랄체와 자아가 물질육체와 에테르, 즉 형성하는 힘으로부터 분리되는 것이지요. 반면 두 쌍(물질과 에테르 쌍, 아스트랄과 자아 쌍)은 각각 아주 긴밀히 결합돼 서로 분리되지 않습니다.

그러므로 24시간에 한 번 돌아오는 정상적 수면 과정 속에서 일반적인 분리가 일어나지요. 물질육체와 에테르체는 아스트랄체와 자아로부터 분리됩니다. 그러나 물질육체와 에테르체는 불가분의, 상호 밀접한 관련을 지속하며, 아스트랄체와 자아 역시 마찬가지입니다. 이 두 쌍은, 말하자면 촘촘하게 짜여진 두 개의 통일체를 구성

 요〉(Anthroposophic Press, 1997), 〈죽음과 부활 사이의 삶〉(Anthroposophic Press, 1995), 〈연결된 채로 있기〉(Anthroposophic Press, 1999), 그리고 〈인간의 내적 본성, 그리고 죽음과 새로운 탄생 사이의 삶〉(Rudolf Steiner, 1959)을 참조.

2 인간의 다양한 부분에 대한 설명이나 묘사를 원한다면 〈신지학〉과 〈자기인식의 방법〉(Anthroposophic Press, 1999)을 참조하라.

하는 것입니다.

이러한 양상은 사람이 죽음의 문을 통과할 때 달라집니다. 그 시점에서 일어나는 일은 물질육체가 즉시 '벗어'진다는 것입니다. 그러면 자아와 아스트랄체, 그리고 에테르체 사이에 순간적인 연관성—깨어 있는 삶에서는 결코 없었던 연관성—이 만들어지지요. 이런 연관성은 불과 며칠 동안만 지속되며, 이는 사람이 사후 처음으로 경험하는 일들을 만들어냅니다.

이 경험들은 무엇입니까? 사후 첫 경험은 어떤 것입니까? 그것은 감각들과 그 감각들을 통합하는 오성을 통해 우리가 지상의 삶에서 흡수한 모든 것을 보는 동시에 그것들이 자신으로부터 사라져가는 경험입니다.

일생 동안 우리는 세상을 향해 눈을 돌리면 색깔이 있는 사물들을 본다는 사실에 익숙해집니다. 우리는 눈앞에서 사건과 과정이 오색찬란한 색깔로 일어나는 것을 봅니다. 우리의 마음은 이러한 색깔의 기억을 간직하고 있습니다. 그것이 다소 약화된 형태일지라도 말입니다. 우리는 그 색깔들을 다른 감각 인상과 마찬가지로 기억 속에 집어넣습니다. 사실 우리가 자신을 관찰하는 데에 정직하다면, 예를 들어 방에 조용히 앉아 기억, 즉 우리의 내적 자아를 활동시킬 때에 우리가 내면에서 경험하는 것은 외적 인상의 흐릿한 반영물들로 되어 있다는 사실을 인정해야 합니다.

평범한 의식 속에서, 우리는 외부 세계의 즉각적이고 생생한 인상이나 그 흐릿한 기억과 함께 살아갑니다. 물론 우리가 내일 배울 내용과 연관되어 더 많은 얘깃거리가 있기는 합니다. 하지만 오늘은 의식—인생길 내내, 모든 사물을 아우르는 색채와 채색된 과정으로 채워진 의식—에 집중하고 싶습니다. 이런 의식은 소리와 따뜻하고 시린 느낌들로 채워지기도 합니다. 간단하게 말해 우리가 감각을 통해 받아들이는 모든 인상으로 채워져 있는 것입니다. 이런 인상들이 내부 영혼에 남긴 흐릿한 잔상들을 우리는 기억이라 부르지요. 이것이 우리의 출발점입니다.

죽음의 문을 지날 때 우리가 이승에서 감각을 통해 경험했던 모든 것은 사라집니다. 며칠 지나지 않아 탄생에서 죽음에 이르기까지 우리 영혼을 채웠던 모든 것은 하늘로 녹아들어 갑니다.

이렇게 표현해봅시다. 생전에는 한 번도 일어난 적이 없는 짧은 결합 후에, 에테르체—형성하는 힘—는 자아와 아스트랄체로부터 분리됩니다.

이제 이 경험이 무엇인지 좀 더 정확히 설명해보겠습니다. 이해를 돕기 위해 간단한 그림을 그려보겠습니다.(루돌프 슈타이너는 물질육체를, 그리고 그 둘레와 내부에 빗금으로 에테르체를 그려 넣는다.)

살아 있는 동안은, 수면을 취하고 일어나 내적인 의식을 갖게 된다면, 우리는 여기 그린 것—물질육체와 에테르체의 결합—만을 경험할 수 있습니다. 우리가 이런 물질과 에테르의 융합을 경험하는 것은 항상 내부에서부터입니다.

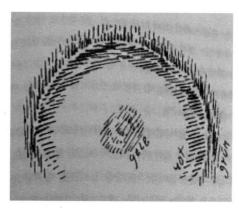

그림 1

이 사실을 여러분 앞에 가능한 한 정확히 제시하기 위해 이제 그림을 다음과 같이 바꿔보겠습니다.(슈타이너는 노란 빗금 주위에 녹색 선을 덧붙이고 녹색 선 둘레에 빨간 선을 그려 넣는다.)

녹색은 에테르체를 나타내며, 내부를 향해 반사합니다. 물질육체는 죽음과 동시에 벗겨지니 여기서 주목할 필요가 없습니다. 빨간

그림 2

선은 외부로 향한 에테르체 부분을 표시합니다.

이미 이야기했듯이, 우리는 에테르체를 내부로부터만, 그리고 잠에서 깨어날 때에만 이런 식으로 경험합니다. 다시 말해 우리는 내부로 향해진 에테르체(녹색으로 그려진 부분)만을 경험합니다. 빨간 선이 나타내는 것, 곧 외부로 향한 에테르체에 대해서는 전혀 자각하지 못합니다. 우리는 이를 경험하지 못하는 것이지요.

죽음의 문을 통과할 때, 자아와 아스트랄체는 에테르체와 일종의 융합을 이룹니다.

이는 다음과 같이 일어납니다. 사후, 에테르체 전체가 장갑 한 짝이 뒤집어지듯 겉과 속이 바뀐다고 상상해보십시오. 여기 빨간색으로 그린 부분이 안쪽을 향하고, 내부를 향했던 녹색 부분은 바깥쪽을 향하는 것입니다. 에테르체 전체가 홀떡 뒤집어집니다. 이러한 변형이 일어나면 에테르체는 놀라운 속도로 확장합니다. 거대해져서 우주 속으로 무한히 퍼져나가는 것이지요. 이렇게 나타낼 수 있습니다.(슈타이너는 빨간색으로 커다랗게 둥그런 테를 그리고, 그 둘레에 녹색 테를 그려 넣는다.)

이전에는 자아와 아스트랄체가 에테르체 안에 있었는데, 이제 둘은 우주 속으로 확장되는 에테르체를 마주보고 있습니다. 그래서 이번에는 사물을 다른 쪽에서 바라보게 되는 것이지요. 우리의 일부였지만 이전에는 아무런 의미를 갖지 못했던 모든 것이 이제 안쪽을 향합니다. 이전에는 내부로 향해 있었던 것—지상에서 사는 내내 우리에게 의미가 있었던 것—이 이제 바깥쪽을 향합니다. 그 것은 우리에게 더는 중요치 않습니다. 그것은 우주 속으로 흩어집 니다. 살아 있을 때 색깔, 소리 등을 지니고 있었던 모든 것은 이제 밖을 향해 흐릅니다.

에테르체의 이러한 전도를 통해 내부였던 외부는 우리에게서 완 전히 사라질 때까지 밖으로 천천히 움직입니다. 이 시점에는 전혀 다른 세계가 우리에게 인상을 줍니다. 죽음 이전에 경험했던 세계 를 사후에도 접하게 되리라 생각해서는 안 됩니다. 그 세계는 사라 지지요. 우리가 이승에서 겪었던 일을 죽은 뒤에도 똑같이 경험할 수 있으리라 상상하는 것은 큰 잘못입니다. 이는 사실과 어떤 관련 도 없습니다. 에테르-형성하는 힘의 변형의 결과로서 우리가 경험 하는 것은, 지상의 삶의 내용과 비교할 때 거대합니다. 매우 다르기 도 하고요.

외부가 내부로 바뀌었을 때, 우리는 먼저 지상의 삶을 형성하는 모든 것, 그것이 어떻게 이루어졌나를 경험합니다. 우리는 이를 감 각 인상과는 매우 다른, 강한 인상으로 경험합니다. 예를 들어 장미 의 붉음을 경험하기보다 장미의 붉음이 우리 내부에서 어떻게 개념 화가 되었는지를 경험하는 것이지요.

사물들은 물질적으로 존재했을 때보다 평화롭지 않습니다. 이승 에서 정원에 심어놓은 장미들은, 송이송이 아름답습니다. 저마다 평 화롭지요. 우리가 그 평화 안에서 쉬고 있다는 느낌이 들게 합니다.

그러나 이제 장미 정원은 매우 다른 존재로 변합니다. 정원은 그때에 사건들이 되는 것입니다. 지상에서, 지상의 삶에서 우리의 시선은 송이에서 송이로 미끄러지듯 옮겨 다녔습니다. 우리가 송이에서 송이로 움직일 때 우리는 영혼 안에서 그것들의 표현을 만들어냈습니다. 첫 번째 장미 한 송이, 다른 송이, 또 다른 송이. 이제 그 장미들은 마치 장미가 아닌 관념으로, 곧 내적 실재로서 살아 있는 생성의 과정과도 같이, 번개처럼 빠른 파동 속을 오가며 서로 맞물립니다. 이는 우리가 사건들의 바다 속에 있는 것처럼 우리 내적 삶으로 들어옵니다.

그러면 우리 앞에 어떤 것, 지상에서는 결코 보지 못했던 것이 나타납니다. 지상의 삶이 되어가는 것, 이 지상의 삶이 점진적으로 생겨나는 것이 보이지요. 이제 우리는 우리의 영혼이 어린 시절에서부터 어떻게 발전해왔는지를 알게 됩니다. 지상의 삶에서 전혀 알지 못했던 것들이 눈앞에 모습을 드러내지요. 자신으로부터 떠올라, 또 다른, 두 번째 자아가 되어 우리의 첫 번째 자아가 아동기의 단순한 개념과 사춘기의 더 복잡한 개념 등을 어떻게 점진적으로 만들어갔는지를 관찰하는 것과 같습니다. 우리는 이 어린 지구인의 탄생을 내부로부터 지켜봅니다. 우리는 이승의 삶이, 이 지구적인 존재가 시시각각 어떻게 형성되고 발전해가는지를 봅니다. 더 나아가 우리는 사실상 우리 지상의 삶 전체가 우주로부터 형성된다는 통찰력을 얻게 됩니다. 실로, 우리가 지상에서 경험하는 모든 것이 무한의 우주로 퍼져나가고, 우리 자신은 그 위에서 바깥쪽으로 확장함에 따라, 우리는 지상에서 사는 동안 우리 내부에서 형성된 것들 역시 우주로부터 형성—조립—되었다는 사실을 깨닫습니다.

그러면서 점차, 우리는 지상에서의 인간 삶에 적합한 개념을 발전시키기 시작합니다.

이제 지상에서의 인간 삶과 관련해서 오늘날 상식과 같이 생각되는 것들을 숙고해봅시다. 인간으로서, 우리는 먹습니다. 이 과정에서 우리는 외부 세계의 물질을 우리 자신의 유기체로 들여옵니다. 이는 부인할 수 없는 사실입니다. 그러나 우리는 이 물질을 변형시킵니다. 우리는 입에서부터 시작해서 물질이 우리의 유기체 전체를 통과할 동안 계속 이를 변형시킵니다. 이 과정에서 우리가 섭취하는 물질은 우리의 전체 유기체 속으로 사라집니다. 더욱이 과학은, 우리가 물질을 섭취하듯이, 외부로 끊임없이 물질을 잃어버리고도 있다고 이야기합니다. 일례로 여러분이 손톱을 깎을 때나 여러분의 머리카락이 빠질 때(완전한 대머리가 아니라는 가정하에)를 한번 생각해보십시오. 이러한 탈락으로부터 여러분은 인간의 육체가 어떻게 끊임없이 물질을 잃고 있는지 쉽게 관찰할 수 있습니다. 실로 인간은 항상 이런 식으로 물질을 잃게 되며, 실제로 7년쯤 지나면 완전히 재형성된다는 것은 오늘날 잘 알려진 사실입니다.

거칠게 얘기하면, 물질에 관한 한, 여기 이 의자에 앉아 있는 모든 것이 8년이나 9년 전에는 온 세상에 흩어져 있었다는 말입니다. 더 나아가 여기 의자에 앉아 있는 것은 무엇이든 간에 최대 7년이나 8년 전부터 조합되어왔을 것입니다. 만약 7, 8년보다도 더 전에 형성되었던 근육과 피 등이 모두 교체되지 않았다면—여러분은 다 나이를 많이 먹었으니 여러분의 몸은 이미 몇 차례의 재생을 거쳤습니다—그것은 거기 앉아 계신 여러분이 아닐 테죠. 만약 저 의자에 앉아 있는 모든 성분이 그 세월 동안 계속해서 유지되어왔다면, 그것은 거기 앉아 계신 여러분은 아닐 것입니다!

여러분이 집이나 다른 장소에서 7, 8년보다도 더 전에 여러분의 근육—여러분의 혈액, 여러분 육체의 다른 부분들—으로 들여온 어떤 것도 여기 더는 앉아 있지 않습니다. 여러분은 천천히 이들을 내보내거나 흘려왔습니다.

하지만 유물론적인 과학은 우리에게 뭐라 얘기합니까? 그 내용은 대략 이렇습니다. 지난 7년간, 우리는 계속 먹어왔습니다. 지난 7년 동안 먹은 것은 아직 여기 앉아 있습니다. 그 이전에 먹은 것은 더는 여기 존재하지 않습니다.

예를 들어, 여러분은 저마다 심장을 가지고 있습니다. 과학은 이 심장의 물질적 재료가 7년이나 8년마다 새로 바뀐다고 이야기합니다. 이론은 여하튼 간에, 실제로 9년마다 여러분은 새 심장을 얻게 되는 것입니다. 이것이 대략 오늘날의 사고가 이러한 일들을 이해하는 방식이라 말할 수 있을 것입니다.

하지만 그것은 일이 존재하는 방식은 아닙니다! 그러한 견해는 사람들이 제가 이전에 설명한 것을 이해하지 못하고, 그들의 과학적 관찰과 사고에 그것을 포함시키지 못하는 경우에만 나타날 수 있습니다. 과학자들은 에테르 형성력의 뒤집힘에 대해서는 전혀 모르고 있습니다. 그들은 우리가 죽음의 문을 통과할 때 우리에게 온전한 인간이 어떻게 생겨나는지를 보여주는 그것에 대한 경험이 전혀 없습니다. 이러한 것들을 이해한다면 여러분은 인간 유기체를 매우 다르게 볼 수 있습니다. 그런 다음에야 진실을 알아보는 방법을 배우게 됩니다.

여러분의 심장을 형성하는 데 이바지한 모든 물질은, 여러분이 여러 해에 걸쳐 즐겨 섭취한 양배추나 감자와 다른 채소, 버찌와 자두 등에서 조금씩 축적된 것이라고 생각할 수도 있습니다. 하지만 이는 사실이 아닙니다. 본질적으로—제가 본질적으로라고 말하는 것에 주목하십시오—여러분이 몸속에 지니고 다니는 심장은 당신이 섭취한 물질과는 거의 관련이 없습니다. 사실 오늘 여러분이 가지고 있는 심장은 지난 7, 8년간 우주에서 끌어들인 에테르로부터 너무나 신비한 방식으로 생겨난 것입니다. 여러분의 심장은 우주로부터 새롭게 된 것이지요. 여러분의 심장과 다른 기관들은 에테르에 의해 새로워집니다. 여러분은 지구로부터가 아니라 우주로부터 스스로를 개조하였습니다.

그렇다면 여러분은—사후 에테르체와 평생에 걸친 그 작용으로부터—우리가 끊임없이 우주에 의해 새로워진다는 사실을 알 수 있습니다.

여기서 유물론적 양심—우리들 각자가 지녀야 하는—은 이렇게 주장할 것입니다. "하지만 어쨌든 우린 모두 먹고 있다! 우리는 모두 외부 물질을 섭취했고 그 결과로 내부의 과정이 일어난 것이다."

그렇긴 합니다만, 이런 더 깊은 과정이 여러분이 믿는 바처럼 더 깊은 인간 본질과 긴밀히 연결돼 있지는 않습니다. 여러분이 섭취한 물질은 인간이 물질을 처리하는 다양한 방법으로 이미 처리되었습니다. 물질은 여러분의 유기체를 통과해 가지만, 여러분 존재는 본질적으로 이들과 융합되지 않습니다. 물질은 자극만을 만들어냈습니다. 우리는 우리를 자극하는 과정들이 우리 안에서 일어날 수 있도록 먹어야만 합니다. 그리고 물질이 우리를 자극하거나 부추기는 만큼 우리의 에테르체—지구가 아닌 우주와 연결된 에테르체—는 활발해집니다. 음식을 먹고, 소화하고, 신진대사하는 동안 자극을 창조하는 과정들이 생겨나며, 이를 통해 여러분 안에 저항력—에테르적 과정—이 생길 수 있습니다. 내게로 들어와 물질적으로 변형되는 성분은 내 낡은 심장을 자극합니다. 하지만 세상의 에테르로부터 새로운 심장을 만드는 것은 나 자신입니다.

이리하여 이제 우리는 오늘날 기준으로 보면 조금은 괴상한 것처럼 보이는 사실을 규정할 수 있습니다. 여러분은 모두 여기 앉아 있습니다. 하지만 지난 7, 8년간 여러분을 새롭게 해온 것은 결코 감자나 양배추 밭에서 자란 것이 아닙니다. 그 물질은 저 멀리 우주 속에, 태양, 달, 그리고 별들 속에 있는 것입니다. 그곳에서 내려온 것이지요. 여러분은 우주로부터 여러분 자신을 새롭게 만들었습니다.

여기서 저는 현대적 사고에서 필연적으로 발생하는 오류를 지적했습니다. 사람들은 인간의 재생과 지상의 물질적 요소 사이의 관계들만을 찾고 있습니다. 그들은 에테르와의 관계성을 보지 못합니다. 따라서 만일 현대의 생리학적 사고에 익숙해져 온 사람이라면 인지학에서 말하는 것은 무엇이든 환상적인 거짓말에 불과하다고 치부할 수밖에 없습니다. 토론이 무익할 수밖에 없는 이유가 바로 여기에 있지요. 현대 과학과 인지학에 모두 정통한 사람이라면 한쪽이 다른 한쪽을 보완한다는 사실을 알 수 있습니다. 하지만 유물론적인 설명에 철저히 길든 사람들을 별 토론 없이, 손쉽게 우리 쪽으로 넘어오도록 유도할 수 있다는 기대는 하지 말아야 합니다. 이런 기대는 인지학에 해를 입힐 뿐입니다. 우리는 이를 아주 확실하고 정확하게 이해해야 합니다. 그러고 나면 우리는, 다른 사람들이 이런 인지학적인 관찰과 인식의 길에 들어서기라도 하려면, 우선 우리가 우리 내부에 인지학을 흡수하는 식으로 그들 또한 철저하게 받아들여야 한다는 것을 알 수 있습니다.

본질적으로, 이미 말했듯이, 우리 인간은 우주로부터 우리를 재생시킵니다. 물론 심장에서 발견할 수 있는 물질적 재료를 우주에서 찾아내지는 못합니다. 그것들은 너무나 희박하고 또 너무 미세해서 어떠한 물질적 방법으로도 검출되지 않기 때문입니다. 이들은 에테르적입니다. 일정한 나이에 생겨나는 심장의 이 조밀한 물질은 우주의 에테르로부터 응축됩니다. 따라서 9, 10년 전에는, 여기 앉아 있는 모든 것이 하늘에 있었습니다. 하늘에, 별들에 있었습니다. 사실 어떤 성분이라도 뒤에 남아 에테르적 힘들이 바르게 작용하고 있어야 할 곳으로 스며들었다면 우리는 병에 걸리기 쉬운 소질을 얻게 됩니다. 병은 우리 내부에 너무 오래된 물질 성분이 있음으로써 야기됩니다. 병증에 대한 깊이 있는 통찰을 얻으려면, 성분이 이미 배출되었어야 할 때에 배출되지 않고 어떻게 들러붙어 있을 수 있는지를 이해해야 합니다. 우리가 물질적인 성분으로 흡수한 어떤 것도 다시 배출하지 않으면 안 됩니다. 만일 그것이 유기체 안에 남으면 병의 원인이 됩니다.

보시다시피, 물질육체를 떠나는 즉시 우리에게 어떤 일이 일어나는지에 대한 약간의 통찰을 통해 참다운 지식이 얻어지면, 이로부터 매우 실제적인 결과가 이어집니다. 죽은 뒤 우리의 감각 인상과 그것들에 대한 지적인 해석은 모두 사라집니다. 우리는 세상을 전혀 다르게 봅니다. 광물, 식물, 동물은 우리가 예전에 보던 대로가 아닙니다. 우리는 거기서 지금의 모습과 됨됨이로 되어가는 과정을 알게 됩니다.

우리는 죽음의 문을 통과했습니다. 지상의 단계를 떠나, 우주의 단계로 접어들었습니다. 다른 세계가 우리를 둘러쌉니다. 지상 존재의 비좁은 방에서 나와 장엄하고 강력한 우주 조직에 발을 들여놓은 것과 같습니다. 우리는 자신이 온 우주에 퍼져 있는 기분이 듭니다. 정말로 우리는 이제 더는 지상의 작은 방에 들어갈 수 없습니다. 그리고 지상의 존재로 다시 내려갈 때까지, 이제 우리는 완전히 새로운 세계들, 본질상 좀 더 높은 계급에 속하는 세계들과 연결되어 이 우주의 단계에 남아 있어야 합니다.

이제 여기서 인간과 관련하여 얻은 관점을 자연 전체로 확장하도록 합시다.

예를 들어 지구가 진화해온 길을 따라 아주 오랜 시간을 거슬러 올라간다고 가정해봅시다. 그렇게 되면 우리는 전혀 다른 생명체, 전혀 다른 지상의 사건들과 마주칠 것입니다. 아시다시피 지금은 멸종한 거대한 동물들이 지구에 살았던 시대가 있었죠. 그런데 종(種) 전체와 그 사회가 사라져버렸습니다. 고생물학자와 지질학자들은 이제 지층에서 그들의 화석화된 자취를 찾습니다.

그렇다면 대략 어룡(魚龍), 장경룡(長頸龍)이나 그 밖의 이상한 동물들이 지구에 살고 있던 초기 진화 단계로 돌아갔다고 가정해봅시다. 이런 생물들은 지구적인 물질 성분의 산물은 아니었습니다. 그들은 우주로부터, 에테르로부터 형성되었습니다. 그리고 이런 동물들이 차츰 멸종하는 시기가 왔을 때, 이렇게 말해도 된다면, 그들의 모든 에테르 성분은 뒤에 남았습니다. 물론 그 동물들은 더는 거기 없었습니다. 하지만 우리의 에테르체가 뒤에 남는 것과 같이 그들을 형성했던 에테르 성분은 뒤에 남았습니다. 그리고 이런 에테르 물질은 나중에—이런 에테르적 형태들이 우주를 통과한 후에—다른 생물들이 지상의 존재로 형성되는 출발점 혹은 단초를 만들어냈습니다. 그리고 이번에는 이 생물들이 에테르 성분을 남겨 또 다른 종들이 형성되었으며, 마침내 오늘날 우리가 알고 있는 동물계가 등장하기에 이르렀습니다.

예를 들어 인간의 출현으로 귀결되는, 연속하는 세 진화 단계를 봅시다. 여러분은 서로 바짝 따라붙는 세 가지 연속적인 동물 형태들을 발견할 것입니다. 우리는 한 형태가 선행하는 형태로부터 진화하려면 에테르적 힘의 도움으로 우주를 통과해야 한다는 것을 알고 있습니다. 이는 두 인생 사이에서 우주를 통과해야 하는 것과 유사합니다. 따라서 우리가 세 번째 동물 형태에 도달할 때, 그들 역시 에테르를 통과합니다. 그리고 나서 일정 시간이 흐르면, 에테르로 형성된 인간이 출현합니다—여느 때처럼 우주를 통과하는 이 우회(迂回)에 영향을 받아서 말입니다.

이제 이를 모두 확인한 엄격한 유물론자는 각각의 동물 형태가 선행하는 동물 형태로부터 나왔다는 사실에 확신을 갖습니다. 분명 그것들은 지상에서 서로 연관이 있습니다. 단, 에테르적 활동, 우주의 활동이 그것들 사이에 있다는 것이지요.

19세기에, 지상에서 일어나는 일련의 사건들만을 관찰하고 지상의 사건에 미치는 우주 활동의 중요성은 무시하는 습관이 생겨났습니다. 그 결과 과학적 관점은, 처음의 좀 더 단순한 형태가, 이어서 덜 단순한 형태로 되었다가 결국에는 인간이 되었다고 주장하였습니다.

이것이 자연과학—에테르적 힘을 인정하지 않는—이 유기체의 진화에 대해 제시한(그리고 제시하고 있는) 내용입니다. 이것은 과거나 현재의 내용 이상이 될 수 없었습니다. 우리가 그 가설들을 받아들인다면—그래서 에테르를 인정하지 않는다면—, 지구상의 존재에 볼 수 있는 것만을 포함하여 문제가 제기됩니다. 그러면 진화의 흐름을 오직 물질적인 것으로 받아들일 수밖에 없습니다.

이것이 진화론자들이 내놓고 있는 주장입니다. 바로 헤켈이 주장했던 것이지요.[3] 그리고 그들의 가정 아래서 그 이상을 요구하거나

---

3 의사 양성 교육을 받은 에른스트 헤켈(Ernst Haeckel, 1834~1919)은 1859년 다윈의 〈종의 기원〉을 읽은 후 의사로서의 길을 접고 곧 독일에서 손꼽히는 진화론자가 되었다. 1859년 과 1866년 사이, 그는 많은 무척추 동물을 연구했고, 지중해 여행을 하는 동안 거의 150종에 이르는 신종 방사충에 이름을 붙였다. 발달에 관한 그의 실험적 연구는 대부분 무척추 동물을 기반으로 하였으며, 그 결과 저 유명한 발생반복의 법칙이 탄생하였다. 이는 본질 상 다윈의 변형으로서, 괴테의 형태론적 사유와, 우주 창조 계획의 단계적 완성을 주장하는 헤켈의 관념철학으로부터 영향을 받았다. 이 법칙은 개체발생(배아의 역사)이 계통발생(종의 역사)을 되풀이한다고 주장한다. 이러한 견해를 기반으로 "신은 모든 자연 현상에 모습을 드러낸다."고 믿은 헤켈은 새로이 범신론적인 '자연 종교', 일원론이라 불리는 철학을 제안했다. 20세기로 접어들면서 헤켈의 상은 점점 정치적이 되어갔다. "정치학은 곧 생물학"이라는 믿음으로 그는 사실상 나치의 인종주의나 국수주의, 그리고 사회적 다원주의의 아버지 중 한 사람이 되었다. 그러나 젊은 시절 헤켈의 흥미로운 사고는 슈타이너뿐만 아니라 심리학자 카를 구스타프 융, 물리학자 에른스트 마흐, 무용가 이사도라 덩컨, 사회학자 페르디난트 퇴니에스, 그리고 심령학자 아우구스트 포렐과 같은 선각자들에게 영감을 주었다. 슈타이너의 관점을 알고 싶으면 〈헤켈과 카르마에 관한 세 편의 에세이〉(London: Theosophical Publishing Society, 1914)를 보라.

진화의 과학이 발전해온 길에 대해 따지는 것은 무모한 짓입니다. 에테르계에 대한 지식을 갖출 때에만 거기에 정확하게 속하는 것에 대한 지각을 시작할 수 있는 것입니다. 그렇다면 여러분은 논쟁이 왜 무의미한지를 알 수 있습니다. 어떤 사람이 자연과학의 한계 내에서 머물고 싶어 한다면 그는 분명 그렇게 할 수 있습니다. 그리고 다른 관점에 기반을 두고 이야기하는 사람을 향해 언제든 말도 안 되는 소리라고 이야기할 수도 있지요. 완전히 지상의 관점에 익숙해진 사람들은 여러분이 이야기하는 것이 실재하지 않는다고 말할 것입니다.

만약 다른 이야기를 하고 싶다면, 우선 에테르계에 대한 지식이 있어야 합니다. 현대 과학과 정당하고 합리적인 논쟁을 하려면, "당신의 영역에선 당신이 전적으로 옳습니다. 상황은 바뀔 것이 없고, 다른 결론이 있을 수 없겠네요. 그렇지만 당신이 우리가 생각하는 것들에 관해 이야기하고 싶으면 먼저 우주 에테르의 기초 과정을 잘 알고 있어야 합니다. 그러면 이야기를 할 수 있습니다. 아니면 우리에겐 공통의 영역이 실재하지 않습니다."라고 얘기하는 수밖에 없습니다.

예를 들어, 여기 앉아 계신 우리 회원 중 한 분이 정신과학의 관점에서 작은 식물학 서적을 한 권 썼습니다.[4] 매우 부정적인 서평이 최근 지방 신문에 실렸습니다. 자, 뭐라 하시겠습니까? 제 반응은 이랬습니다. 자신이 그 서평을 쓴 식물학자라고 상상해보십시오. 인지학에 관해 들어본 적도 없는 여러분 손에 이 작은 책의 개정판이 들어온다구요. 여러분도 아마 그 서평과 똑같이 썼을 겁니다. 아주 당연히 그렇게 하셨을 거예요. 여러분이 그 서평을 쓰지 않고, 현 시점에서 그 문제의 소책자를 썼다는 것은 인지학을 공부했다는 전제 조건에 입각한 것입니다. 그냥 다른 사람의 관점에서 자기를 바라보기만 하면 되는 일입니다. 그러면 이 모든 적대적이고 공격적인 평을 자기 자신에게 쓸 수가 있습니다. 하지만 고유한 지적 습관들을 가지고 일정 방향으로 연구하고 있던 사람이 바뀌어서 인지학자가 되기를 기대한다면, 금발 머리인 딸이 느닷없이 검은 머리가 돼야 한다고 결정하는 것과 유사합니다. 세상일은 그런 식으로 돌아가지 않습니다. 사람들이 현대 과학을 통해 정한 길을 우리가 간단히 되돌려 세울 수는 없습니다. 이러한 사실에 대해 현실적인 필요가 있습니다.

19세기 후반부는 영혼의 전체 구조에 대해 굉장히 구체적인 특질을 부여했습니다. 전혀 다른 방향에서 예를 들어보겠습니다.

아시는 바와 같이, 오늘날에는 분석심리학 혹은 정신분석학이라는 것이 있습니다. 되풀이하여 말씀드렸듯이, 정신분석학은 몇 가지

---

4   알프레드 우스테리(Alfred Usteri) 박사, 〈식물학의 정신과학적 개론을 위한 시도(*Versuch einer geisteswissenschaftlichen Einführung in die Botanik*)〉(Zürich, 1923). 우스테리(1869~1948)는 인지학협회 회원이었다. 그는 식물학에 대한 수많은 논문을 남겼고 식물 그림을 제작하였으며 괴테아눔에서 강연을 하였다.

매우 귀중한 공헌을 하고 있지만, 인간 생리학에 관한 불완전하고 딜레탕트적인 지식에 의존합니다. 따라서 정신분석학은 딜레탕티슴입니다. 또한 정신분석학은 인간 영혼, 인간 심리에 대해서도 딜레탕트적인 지식에 의존합니다. 따라서 이 점에서도 딜레탕티슴입니다. 정신분석학은 딜레탕티슴의 제곱이라고요! 그래도 여러분이 이 연구를 수행한다면, 딜레탕트로서라고 해도, 그것은 작용합니다. 그리고 생리학과 심리학에서 부족한 지식이 점차 완전해질 거라고 여길 수 있습니다. 분명 이러한 사고는 인간 영혼을 물들입니다!

오늘날 이 주제에 관한 방대한 문헌이 존재합니다. 정신분석학 관련 문헌으로 커다란 도서관 하나를 채울 수 있을 정도입니다. 물론 이를 공부하는 사람들은 각종 끔찍한 논쟁, 하지만 그 속에 있으면 사실 굉장히 흥미로운 논쟁에 열중합니다. 우리는 여기서 정신분석학에 대해 이야기했습니다.[5] 이미 말씀 드린 대로, 이 주제를 다룬 책만으로도 도서관을 채울 수 있습니다. 그리고 어떤 주제에 대해 그렇게 많은 책이 저술되었다면, 이는 그 분야에 대해 연구할 내용이 많다는 뜻입니다. 이 모두는 인간 영혼을 물들입니다!

자, 여기에 흥미로운 점이 있습니다. '정신분석학 문헌'은 1841년 이미 유럽에 존재했어요! 카를 로젠크란츠가 쓴 몇 구절에 이것이

---

5   〈프로이트, 융, 그리고 정신 심리학〉(Anthroposophic Press, 2001)에 실린 강연들을 참조하라.

나옵니다. 그는 이렇게 적었습니다. "우리의 현대적 과잉 의식 속에서 우리는 형태를 부여할 시간이 없어서 많은 것을 뒤로 밀어낸다. 그것들은 우리가 작업할 수 있는 잠재적 과제로 내부에 남아 있다. 티크(Tieck)의 말을 빌리면, 그것들은 '존재를 갈망하며 지옥과 천당 사이에서처럼 우리 자신의 영혼을 배경으로 떠다니는, 태어나지 않은 영혼들'이다."[6]

이론적으로 정신분석학의 모든 것은 이 구절에 포함되어 있습니다. 그 시절에도 "존재하려 애쓰며 영혼을 배경으로 지옥과 천당 사이에서 살고 있는 태어나지 않은 영혼"에 대해 이야기를 했던 것입니다. 오늘날에는 "영혼 깊은 곳에 숨겨진 부분" 등에 대해 이야기합니다. 그 시절에는, 그런 주제는 기껏해야 몇 줄의 가치밖에 없을 정도로 무의미하다고 여겨졌습니다. 오늘날 우리는 도서관 전체가 그 주제로 채워진 문명이 되었습니다. 그러나 본질은 모두 그 몇 줄에 포함돼 있지요. 그리고 정신분석학의 정수가 그 몇 줄에 포함되었던 만큼, 도서관들은 오늘날과는 다른, 온갖 종류의 책들로 가득했고, 배우고자 하는 사람들은 그 밖의 주제들을 과제로 삼았습니다.

---

6   카를 로젠크란츠의 〈일기에서: 쾨니히스베르크, 1833년 가을부터 1846년 봄, 라이프치히,
     1854년(Aus einem Tagebuch: Königsberg, Herbst 1833 bis Frü hjahr 1846)〉에
     서 인용했다. 쾨니히스베르크에서 철학을 가르친 로젠크란츠(1805~79)는 이른바 '우익 헤
     겔학파'의 한 사람으로서, 카를 마르크스를 일원으로 하는 '좌익 헤겔학파'가 훨씬 유력했던
     관계로 빛을 보지 못했다. 슈타이너는 〈철학의 수수께끼〉(Anthroposophic Press, 1973)에
     서 헤겔의 사고에 대한 로젠크란츠의 "사심없는 헌신"에 대해 이야기한 바 있다.

요즘 학위논문을 시작하는 심리학 전공 학생들은 정신분석학을 걸고넘어지는 수밖에 도리가 없습니다. 그냥 그걸 공부해야 하는 것이지요. 그리고 이것이 영혼 전체를 물들입니다. 1841년에는 그 주제의 본질이 몇 줄에 표현되어 있었습니다. 중요하게 생각되지 않았던 거죠. 인간의 사고에 커다란 중요성을 지니는 것으로 보이지 않았던 겁니다. 그리고 다른 수많은 영역도 상황은 마찬가지입니다.

우리가 특정 사실 범위 중 어떤 것에 주목하는가—혹은 주목하지 않는가—는 굉장히 중요합니다. 1841년에 인간은 수면 상태에서 정신분석학을 지나쳤습니다. 방금 제가 여러분에게 들려준 것과 같이, 카를 로젠크란츠라는 한 사람에게 고립된 생각의 형태로 나타났을 뿐입니다. 그는 어느 날 그런 꿈을 꾸었습니다. 꿈은 덧없는 것이라, 삶에 그다지 영향을 미치지 못합니다. 당시의 사람들은 깨어 있는 삶을 다른 것들로 채웠습니다. 반면 오늘날의 사람들은 정신분석학 및 관련 주제들에 깨어 있기를 원하기 때문에 다른 수많은 것들을 수면 상태로 지나칩니다.

인지학이 세상과 결부되기를 원한다면, 우리의 에너지를 어디에 쏟을 것인지를 정하기 위해 이러한 현상을 좀 더 주의 깊게 관찰해야 합니다. 물론 논쟁에 참여하는 것만으로는 충분치 않습니다. 논쟁은 한 사람이 방에서 코를 골며 깊이 잠들어 있는 동안 다른 사람이 가능한 모든 노력을 기울여 그 코 고는 사람에게 자신이 말하는 내용을 이해시키려 노력하는 것과 비슷합니다. 하지만 자는 사람은 깨어나지 않고 계속 코를 곱니다. 그러니 말하는 내용을 이해할 수 없는 것이지요. 저마다 다른 사람의 영역에는 잠들어 있고 자신의 영역에만 깨어 있다면 사람들이 서로 이해하는 일이 어려운 것과 마찬가지입니다.

많은 이들이 인지학에 대해 잠들어 있습니다. 그들은 인지학자들이 그들에게 들려주어야만 하는 내용에 쉽사리 깨어나지 않을 것입니다. 하지만 사람들은 인지학자들에 대해서는 인지학 외의 것들에도 깨어 있으리라 기대합니다. 깨어 있는 인지학자는 맹목적 믿음을 바탕으로 하지 않고 다른 편의 가치에 대한 참된 통찰력을 가지고 상대방에 접근하며, 인지학의 포괄적 특성을 이해할 것입니다. 인지학자들은, 다른 이들이 유일무이하다 여기는 것을 인지학에 포함하는 건 어떤 이유에서인지를 이해해야 합니다. 그들은 인지학이 그 지평을 넓혀 다른 이들이 자신의 협소한 관점으로만 바라보는 영역으로 뻗어나가야 한다는 것을 이해해야 합니다.

저는 여기서 여러분에게 한 가지 관점을 전달했습니다. 이 관점은 우리가 지구에서 우리를 둘러싸고 있으며 우리가 죽을 때 사라져버리는 것들의 특성을 자세히 연구할 때 드러나는 것입니다. 이것이 물질적 관점입니다. 이를 이해하기 위해서 우리는 그것과 직접 맞닿아 있는 에테르를 다루어야 했습니다.

우리는 다음에 영혼적 관점, 인간이 영혼의 관점에 대해 어떤 식으로 자각하고 있는지를 생각해볼 것입니다. 그러고 나서 우리는 인지학의 정신적 관점에 대한 고찰로 마무리를 할 것입니다. 그러면 이것들이 우리의 세 가지 관점이 되는 것입니다.

2 영혼적 관점
1923년 7월 21일, 도르나흐

오늘날 정신적인 삶을 관찰하는 사람이라면 누구나 알아차릴 수 있
는 것이—그것은 충분히 편견 없을 이목을 통해서만 보입니다—우
리 문화의 가장 중요한 측면에 관한 한 다소의 차이는 있지만 대체
로는 영혼이 상실되어왔다는 점입니다. 이러한 소멸은 19세기 후반
에 점점 더 분명해졌습니다. 한마디로, 영혼은 우리 현대 문명에서
빠져나가는 중입니다. 그리고 자신의 영혼에 내적인 삶을 일깨우고
자 하는 사람이라면 우리 문명의 위대한 업적에 대한 경험의 공유
를 통해서가 아니라 고독 속에서 이 일을 수행해야 합니다.

대체로 우리는 현대 생활의 중요한 흐름에 대해 깨어 있는 능력
을 상실했습니다.

19세기에 시작된 객관적 관찰 따위가 주목했어야 할 여러 일들
이 있었습니다. 당연히 이런 일들은 우리의 정신적 삶에서 생겨나
는 것에 강력한 주의를 요청해야 했습니다. 그러나 실제로 이런 현
상들은 점점 더 주목받지 못한 채 간과되고 있습니다. 게다가 이것
들은 오늘날 누군가를 깨울 수 있을 정도로 깊은 인상을 남길 만한

어떠한 명확한 표현도 얻어내지 못했다고 솔직하게 이야기할 수 있습니다.

저는 오늘 발언을 시작하면서 어떤 현상을 소개하고자 하는데, 외부에서 본다면 몇몇 사람들은 아마도 이를 미소로서 반길 것입니다. 다른 이들은 그것을 그냥 많은 역사적, 철학적 오류 중의 하나로 중립적으로 기록할 테지요. 또 다른 이들은 화가 나 거기에 대항하고자 할 것입니다. 저는 이 사실에 대해 될 수 있는 한 간단히 기술하도록 노력하겠습니다.

19세기의 마지막 20년간, 저는 종종 저 자신에게 중요한 질문을 해보았습니다. '우리 시대 최고의 지성은 과연 누구인가?'라고요. 물론 이런 질문들은 항상 상대적입니다. 따라서 이 문제를 과도하게 강조하지는 마시고 가감하여 받아들이실 것을 당부 드려야겠습니다. 하지만 그랬다손 치더라도 제가 여러분께 여전히 부탁드리는 바는, 이것을 우리 시대의 어떤 특징에 대해 말해줄 수 있는 질문으로 생각해주십사 하는 것입니다.

우리 시대는 주지주의의 시대입니다. 오성은 우리의 시대를 과거와 비교할 수 없는 높이에 다다르게 했습니다. 그러므로 사람이라면 지상에 존재하는 동안 인간의 오성은 실제로 무엇에 의존하는가 하는 데 의문을 가져야 할 것입니다. 분명 지적 능력과 활동은 영혼에 의존합니다. 나중에 우리는 그러한 영혼을 좀 더 세심하게 살펴보아야 합니다. 그러나 우선은 그것들이 인간이 무의식적으로 (최소

한 지상의 의식에 한해서는) 지니고 있는 에테르적 유기체(형성력체), 아스트랄체, 그리고 자아 조직에 의존한다고 말해봅시다.

하지만 인간은 지구 진화의 현 단계에서 그렇게 멀리 나아가지 않았으므로 오성의 활동이 생겨나려면 그것이 인간 본성의 이 세 부분에 존재해야 합니다. 물질육체가 없다면 우리의 오성은 지상에서 존재하는 내내 침묵할 것입니다. 우리는 벽을 향해 움직이는 사람과 같이 될 것입니다. 우리의 팔과 손을 보지 않고 앞으로 곧장 나아간다면 우리는 자신을 전혀 보지 못합니다. 그러나 우리가 향하고 있는 벽이 거울이라면 우리는 자신을 보게 됩니다.

육체가 없으면 인간의 오성은 자신을 보지 못하는 사람과 같을 것입니다. 다시 말해 우리의 행동을 비추거나 반영해줄 물질육체가 없다면 우리는 자신을 의식하지 못할 것입니다. 현재의 오성이 대단한 것은 우리가 내부 영혼의 활동을 물질육체를 통해 비춰주는 덕분입니다. 사람들은 보통 거울에 비친 모습과 자기 자신을 혼동하지 않습니다. 그러나 오성의 경우에는 이야기가 다르지요. 사람들은 오성 자체와 물질계에 비친 오성의 반영을 혼동합니다. 그들은 그 반영에 복종합니다—그 결과로 반영 혹은 거울상 자체가 사람들을 지배합니다.

오늘날의 인간은 어느 정도까지는 오성을 물질육체에 완전히 떠맡깁니다. 이 일이 실제로 성공한다면 완벽한 오성이 탄생합니다. 반면 우리가 내적 존재의 활동을 내버려둔다면 늘 온갖 종류의 감정과 본능, 편견, 호감과 반감 속에서 비틀거리는 자신을 보게 됩니다. 마찬가지로 우리가 깜빡하여 오성 속으로 들어가면 그때의 오성은 매우 불완전합니다. 하지만 우리 스스로 무미건조하고 차갑고 곧이곧대로인 사람이 되고 그 과정에서 물질육체라는 요소에 의해 결정되는 방식으로 사유하는 능력을 습득한다면, 우리는 어느 정도 완벽한 오성에 도달하게 됩니다. 우리는 오성이 그와 같이 자동적이고, 어느 정도까지는 기계적이며, 비교적 완벽해지는 방식으로 사고하는 방법을 배웁니다. 하메를링(Hamerling)이 그의 소설 〈호문쿨루스(Homunculus)〉에서 묘사하듯, 우리는 "억만장자의 남성적 영혼의 부재와 언어의 여성적 영혼의 부재"를 하나가 되게 합니다.[7]

이것이 19세기의 마지막 20년 동안 "오늘날 최고의 지성은 누구인가?"를 자문했을 때 제가 생각하고 있던 것입니다. 누가, 제가 방금 묘사한 것과 같은 의미에서 오성의 완성을 이루어냈는가? 여러

---

7   로베르트 하메를링(Robert Hamerling, 1830~89)은 슈타이너가 빈에 머물 당시 오스트리아의 대표적인 시인이자 철학자였다. 〈카르마적 관계(Karmic Relationships)〉 2권 4강 (Rudolf Steiner Press, 1974)에서, 슈타이너는 하메를링이 플라톤 제자의 환생이라고 주장했다. 하메를링의 〈호문쿨루스: 노래 열 곡에 담긴 현대 서사시〉는 1888년 출간되었다. 슈타이너는 〈철학의 수수께끼〉 393쪽에 이렇게 적었다. "이 작품에서 하메를링은 현대 문명에 대한 비판을 시도했다. 그는 극단적인 방법으로, 인류가 영혼이 없이 자연의 법칙만을 믿게 되었을 때 초래될 결과를 일련의 그림으로 묘사하였다." 〈자서전〉 96쪽에서 슈타이너는 "호문쿨루스는 흥미로웠다. 정신을 검게 물들이는 힘이 현대 문명에서 작동하고 있음을 묘사한 작품처럼 보였다. 나는 그 안에서 우리 시대를 향한 진심 어린 경고를 보았다. 그러나 나 또한 하메를링을 평가하는 데에 어려움을 겪었다. 이름뿐인 이상주의에 대한 하메를링의 강력한 묘사는 마음에 들었다. 하지만 거기에 그치고 말았다는 점이 매우 아쉬웠다."고 이야기하고 있다.

분은 웃을지도 모르지만, 저는 정말로 무의식의 철학자인 에두아르트 폰 하르트만(Eduard von Hartmann) 이외에 누구도 떠올릴 수 없었습니다.[8] 이것은 대담한 역설 같은 것이 아닙니다. 19세기 마지막

---

8   카를 로베르트 에두아르트 폰 하르트만(1842~1906)은 베를린에서 나고 자랐으며, 베를린 포병학교에서 수학하였다. (1859~62) 육군 장교직을 수행하던 중(1860~65) 무렵에 탈이 나 어쩔 수 없이 은퇴하게 된다. 1864년에 그는 자신의 주요 저서 〈무의식의 철학〉을 준비하기 시작했으며, 1869년에 베를린에서 세 권으로 출간했다. 그는 또한 도덕적 의식(1879), 종교적 의식과 정신의 철학(1882)에 관해서도 저술을 남겼다. 그의 철학의 목적은 헤겔의 '관념'과 쇼펜하우어의 '의지'를 '절대정신'의 교의 속에 결합하는 일이었다. 그는 자신의 철학을 '정신적 일원론'이라 불렀다. 하지만 이 정신은 무의식이었다—그 세 단계는 우주의 물질을 설명한 절대적 무의식, 생명이나 생명체의 기원과 진화, 발전과 메커니즘 아래에 놓인 생리적 무의식, 그리고 그가 의식적인 정신생활의 기원이라 여긴 상대적 무의식이었다. 폰 하르트만은 독일 이상주의와 낭만주의 철학의 정점이었다. 때문에 슈타이너는 폰 하르트만이 정신주의를 공공연히 반대했음에도 그를 가장 중요한 동시대인이라 본 것이다.
슈타이너는 1884년부터 자신이 괴테의 과학적 저술들을 편집하여 낸 책들을 보내주는 등 폰 하르트만과 서신 교환을 하며 친구가 되고자 했다. 폰 하르트만은 긍정적인 서평으로 슈타이너를 예우하였다. 슈타이너는 괴테와 폰 하르트만 철학을 비교해 보이는 것으로 이에 답하였다. 그러나 슈타이너가 자신이 쓴 〈자유의 철학〉을 보냈을 때 폰 하르트만은 이를 이해할 수 없었고 그 책의 두 개 부가 서로 어떻게 연결돼 있는지를 간파할 수 없었다. 이는 그의 〈자서전〉 162쪽에 나와 있는 것처럼 슈타이너에게 커다란 실망을 안겼다. "나는 책이 나오자마자 에두아르트 폰 하르트만에게 한 권을 부쳤다. 보내준 책의 처음부터 끝까지 빈자리마다 자세한 논평을 빽빽이 채워 금방 돌려보낸 것을 보면, 아마도 그는 굉장히 집중하여 내 책을 통독했음이 분명하다. …… 그는 내 생각의 원천도, 내가 추구하는 목표도 이해하지 못했다."
1888년, 마침내 슈타이너는 폰 하르트만을 만났다. 이 만남 역시 〈자서전〉 105쪽에 서술되어 있다. "영광스럽게도 나는 그 철학자와 오랜 시간 대화를 나눌 수 있었다. 그는 다리를 쭉 뻗고 소파에 똑바로 앉아 있었다. 무릎의 이상 때문에 그는 인생의 대부분을 이런 자세로 보냈다. 그의 이마는 선명하고 예리한 오성인 느낌을 주었고, 그의 눈은 자신의 통찰력에 대한 깊은 확신을 보여주었다. 엄청난 수염이 그의 얼굴에 테두리를 둘렀다. 그는 확신에 차서 어떻게 자기 철학의 독창적이고 계몽적인 사고들을 만들어냈는지를 간략히 언급하였다. 그러나 이 사고들은 또한 다른 관점에서 나온 모든 것을 즉각적인 비판으로 덮어버렸다. 나는 그와 마주앉아 있었고 그는 내게 날카로운 평가를 내렸지만, '내부에서는' 나의 말을 듣지 않았다.

20년에 대한 오랜—어느 정도 영혼이 깃들었다고 생각하는—숙고의 결과로서 나에게 찾아든 것입니다.

어떤 사람을 그 시대 최고의 지성이라고 선언한 후에는 그 사람에 대한 커다란 존경심이 생긴다는 것을 여러분은 자연스레 상상할 수 있을 것입니다. 이것이 제가 당시 인식론을 다룬 소책자 〈진리와 인식〉을 에두아르트 폰 하르트만에게 헌정한 이유였습니다.[9] 그러므로 지금 이야기하는 것은 경멸이 아닌 깊은 존경심에서 하는 말입니다.

폰 하르트만의 철학의 시초는 그가 육군 장교로 양성되었다는 사실과 관계가 있습니다. 그는 중위까지 진급했습니다. 하지만 그 후 무릎에 문제가 생겼지요. 그래서 현대 군대에 이바지하려 했던 그의 주지주의가 철학으로 변형되는 일이 일어났습니다. 폰 하르트만이 바로 이런 사정으로 19세기의 마지막 30여 년간 가장 똑똑한 사람이 되었다는 사실은 흥미롭습니다.

그는 19세기 마지막 30여 년간의 사고방식을 가지고 한 사람이 볼 수 있는 모든 것을 명확하게 보았습니다. 그는 지상에 귀속된 인간의 의식을 꿰뚫어 보았습니다. 하지만 그는 이러한 귀속이 인간의 물질육체에 대한 귀속이라 생각하였습니다. 그는 똑똑했으므로

---

9   루돌프 슈타이너, 〈진리와 인식: 자유의 철학에 대한 서언〉, 1892년 발행(Steinerbooks, 1981).

정신을 부정하지 않았습니다. 이미 말했듯이, 그는 매우 지성적이었지요, 그러나 그는 정신이 무의식의 영역에 위치한다고 보았습니다. 몸을 지탱하거나 물질계와 친밀한 합일을 이룰 수 없는 무의식의 영역 말이죠. 그러므로 정신은 언제나 물질 외적—말하자면 순전히 정신적—이기 때문에 무의식이 될 수밖에 없다는 것입니다.

폰 하르트만은 우리가 몸속에서만 의식적일 수 있다고 생각했습니다. 하지만 육체가 유일한 실재가 아니라면, 만일에 정신이 존재한다면, 정신은 결코 의식적일 수 없으며 오로지 무의식적일 뿐입니다. 그러므로 폰 하르트만은 죽음의 관문을 통과할 때 우리가 의식의 다른 상태로 들어갈 것이라 기대해서는 안 된다고 말합니다. 이승의 의식 너머에는 무의식이 있을 뿐입니다. 우리는 죽으면 무의식의 정신 영역으로 넘어갑니다. 이 무의식의 정신은 인간의 의식이 없는 모든 곳에 존재합니다.

이런 의미에서 폰 하르트만의 철학은 정신의 철학이지만, 정확히 말하면 무의식의 정신 철학이지요. 인간의 육체 이외에는 어떠한 의식도 존재하지 않지만, 모든 곳에 정신이, 그 자체나 세상 또는 다른 어떤 것에 대해서도 알지 못하는 무의식의 정신이 존재합니다.

그렇다면 이 무의식의 정신이 물질적인 인간 육체를 통하지 않고서는 외부의 어떤 실재에도 스며들지 못하리라는 것은 매우 명확하지 않습니까? 이것은 애초부터 명확합니다. 그러나 이렇게 이야기하는 것은 매우 주목할 만한 어떤 것을 암시합니다. 그것이 암시하는 바는 무의식을 입증하기 위해 나타나는 오성은 사랑이 결핍돼 있다는 것입니다.

저는 에두아르트 폰 하르트만이 사랑 결핍이었다는 것이 아니라 그를 가치 있게 해준 바로 그의 오성이 사랑 결핍이었다고 얘기하는 것입니다. 사랑 없는 오성은 어떠한 다리도 놓을 수 없습니다. 그것은 스스로를 속박합니다. 하지만 같은 이유로, 그것은 의식을 획득할 수도 없습니다. 무의식의 영역에 남는 것이지요. 아니면 사랑 없는 영역에 남는다고 얘기할 수도 있겠습니다.

이는 오성이 영혼 없는 영역에 있다는 것 또한 암시합니다. 사랑을 위한 여지가 없는 곳에서는 영혼성을 지닌 것은 무엇이든 점차 사라집니다. 그러므로 현재 우리 문명을 지탱해주는, 19세기 말의 최고 저작물들에서 우리는 사랑 부재의 분위기를 감지할 수 있습니다.

저 무의식의 정신을 향한 폰 하르트만의 강박성과 사랑 부재가 짝을 이뤄 그가 다다른 곳을 보면 놀라울 따름입니다.

그는 인류에게 의식을 부여하는 지상적인 삶의 세계를 관찰했습니다. 그러나 우리가 우리의 육체 안에서 살 수 없다면 어떻게 될까요? 만일 우리가 잠에서 깨어날 때마다 우리 몸속에 잠겨 육체와 완전하게 결합할 수 없다면? 그렇다면 우리는 어떤 예상을 할 수 있을까요?

지상의 존재로 잠에서 깨어날 때, 자는 동안 분리되어 있던 자아와 아스트랄체는 물질육체와 에테르체로 돌아옵니다. 그러면 자아와 아스트랄체는 에테르체 및 물질육체와 완전한 내적 결합을 이룹니다. 이 네 가지가 이제 하나로 되는 것입니다. 우리가 깨어 있는 동안은 물질적이고 육체적인 것과 정신 및 영혼의 내적인 통일체에 대해 이야기해야 합니다. 하지만 만일에 우리가, 폰 하르트만처럼 오성적으로 영혼-정신을 물질육체와 분리한다면 이는 깨어날 때 우리가 우리의 물질육체와 에테르체로 들어가 거기 머무르거나 그 주위를 배회할 뿐 그 속에 녹아들거나 배어들지 못하는 것과 같을 것입니다. 폰 하르트만에 의하면, 무의식적 정신은 육체에 머물면서 물질적, 지상적인 삶을 사는 동안 의식적으로 되어갑니다. 그러므로 그가 생각해낸 것은, 그 일이 실제로 일어난다면, 우리가 깨어 있는 동안 완전한 융합 없이 우리의 물질육체 및 에테르체로 들어가는 것을 의미하는 듯합니다. 이는 차라리 집에서 거주하듯이 우리 몸에 거주하는 거라 해야겠죠. 우리는 둘러보고 모든 것을 점검할 수는 있지만 내적으로는 분리, 단절되어 있습니다. 그렇다면 어떤 일이 일어날까요?

만약 우리의 정신-영혼이 우리의 물질육체와 융합되지 않고 단절된 채 살아간다면, 우리 영혼은 이루 헤아릴 수 없을 만큼 고통스러운 체험을 할 것입니다. 고통은 어떤 장기가 제대로 작동하지 않아 병이 들어서 우리가 물질육체의 일부분으로부터 차단당했을 때 생깁니다. 만일 우리가 육체로부터 완전히 차단당한다면 우리는, 이렇게 표현해도 된다면, 육체의 바깥에, 문자 그대로 '물외(物外)'에 있게 될 것이고, 형언할 수 없는 고통을 겪을 것입니다. 우리가 잠에서 깨어나는 매일 아침 이러한 고통의 징조가 어느 정도는 있을 것입니다. 우리는 물질육체와 에테르체 속에 잠겨 우리 자신과 몸을 합치시킴으로써 이를 극복해냅니다.

폰 하르트만은 분명 비전(秘傳)을 전수받은 자는 아니었습니다. 그는 단순히 지성인, 19세기 후반을 대표하는 지성인이었습니다. 그는 방금 제가 사실로서 묘사한 것들을 오성적으로, 그의 사고 속에서 파악했습니다. 그는 마치 우리의 아스트랄체와 자아가 물질육체, 에테르체와 연결되어 있지 않은 것처럼 세상을 상상했습니다. 그는 사람과 물질육체 사이의 관계에 관해서 제가 방금 사실에 비추어 묘사한 것처럼 생각했습니다.

이것은 그를 어디로 이끌었을까요? 이것은 그를 결국 극단적인 염세주의로 끌고 갔습니다. 만일 여러분이 잠에서 깨어났을 때 여러분의 물질육체와 분리돼 있다면 여러분도 당연히 염세주의를 경험할 것입니다. 폰 하르트만은 이와 같이 우리가 물질육체와 분리돼 있다고 생각했고, 그것은 그의 창안이었습니다. 그래서 그 결과는 어땠습니까? 그는 세계가 상상할 수 있는 최악의 상태에 처해 있다고 결론지었습니다. 세계는 가장 큰 악과 고통의 덩어리를 담고 있어서, 인류의 진정한 문화적 진화는 오직 세상의 점차적인 소멸과 파멸 속에서만 이루어질 수 있습니다. 이에 따라 〈무의식의 철학(The Philosophy of the Unconscious)〉의 말미에 하나의 이상이 드러나기 시작합니다.

폰 하르트만은 기술이 급속히 발달하는 시대에 살았습니다. 이것 저것을 다루기 위해 점점 많은 기계가 발명되고 있었습니다. 기계가 해낼 수 있는 모든 것을 생각해본다면 누구나 기계가 지닌 가능성들에 매료될 것입니다. 이제 만일 우리가 기계 세계의 완성이 세상에 약속한 가능성들을 확장해보면, 소름 끼치는 가능성이 떠오릅니다.

폰 하르트만은 이 소름끼치는 생각에 사로잡혔습니다. 그는 세상을 멸망시키는 일이야말로 세상을 위해 옳은 일이라는 사실을 인류—오성에 다가감으로써 점차로 더욱 총명해지는—가 차츰 깨닫게 될 것이라 생각했습니다. 그는 인류가 결국에는 새로운 기계를 발명할 것이라 확신하게 되었습니다. 그 기계로 지구의 중심까지 꿰뚫어버리는 일이 가능해질 것입니다. 그때 이 기계를 순서대로 작동시키기만 하면 단 한 방에 이 끔찍한 지구와 거기에 사는 물질적 거주자들을 우주 공간으로 날려버릴 수 있게 됩니다.

우리는 이러한 사고방식의 뿌리가 실상은 다른 모든 사람 내부에도 자리 잡고 있다고 말할 수밖에 없습니다. 폰 하르트만만큼은 아니라 할지라도 그들 또한 상당히 똑똑합니다. 비록 자기 논리의 최종적 결론을 이끌어낼 만큼의 오성적인 용기는 부족하지만요. 그리고 오성이 나머지 세계와 분리되어 있을 때 이룰 수 있는 모든 것을 심각히 고려한다면, 폰 하르트만이 제시한, 일방적인 오성적 발전의

결과로서 이러한 이상은 어떤 의미에서 불가피한 것처럼 보인다고
까지 얘기할 수 있을 것입니다.

전에도 얘기했듯이, 사람들은 모두가 알고 있었던 당시의 어떤
현상에 대한 정확한 설명을 애써 피하였습니다. 이는 물론 적어도
1869년에 여기에 대한 관점을 기술한 무의식의 철학자의 명확한
공식에는 대처할 필요가 있었을 것입니다. 그리고 폰 하르트만은
이 부분에서 정말 누구보다 더 지성적이었습니다. 그가 자신의 이
상을 제시하고 나서 제가 종종 기술한 바 있는 어떤 것을 이야기했
기 때문입니다. 자신의 이상을 제시한 바로 그 책에서, 그는 정신에
대해 이야기했습니다. 무의식이긴 하지만 어쨌든 그것은 정신이었
습니다. 이는 과학적으로 정신에 대해 얘기하는 것이 허용되지 않
는 정도까지 과학이 발전했던 당시로서는, 정신을 완전히 무의식적
으로 그려냄으로써 별로 해를 끼치진 않았다 해도, 무서운 죄악이
었습니다.

이런 이유로 당대의 다른 지성인들은 문학으로 성공한 〈무의식의
철학〉을 딜레탕티슴으로 여겼습니다. 하지만 동시에 폰 하르트만은
그들에게 장난을 쳤습니다. 익명의 저자가 〈무의식의 철학〉을 공격
하는 책을 펴내서 정신의 철학을 철저히 반박했던 것입니다. 이 작
품의 제목은 〈생리학과 진화론의 관점에서 본 무의식〉이었습니다.
이 익명의 작품은 다른 학자들의 문체를 비상하게 모방했습니다.
당대 최고의 자연과학자인 오스카어 슈미트(Oskar Schmidt)와 에른

스트 헤켈(Ernst Haeckel), 그리고 그 밖의 많은 사람들은 이 책이 아마추어 에두아르트 폰 하르트만을 여지없이 격파했다고 공언하며 이 책을 극찬하는 서평을 썼습니다. 이 익명의 작가가 누군지 모른다니 참으로 유감이라 했지요. 당신의 정체를 밝히면 우리의 일원으로 받아들이겠노라고.

이렇듯 그를 찾는 호소가 있고 나서 익명의 작가가 쓴 책이 금세 다 팔려 나가고 2판이 필요하게 된 것은 놀라운 일이 아니었습니다. 두 번째 판은 이렇게 출판되었지요. "〈생리학과 진화론의 관점에서 본 무의식〉 제2판, 에두아르트 폰 하르트만 저!"

보시다시피 에두아르트 폰 하르트만은 그가 정말 가장 똑똑하다는 것을 보여준 셈이지요. 그 자신이 똑똑했을 뿐만 아니라 그의 적수만큼 똑똑했기 때문입니다.

어제, 저는 정신분석학이 '딜레탕티슴의 제곱'이라 얘기했습니다. 오늘 우리가 얘기할 수 있는 것은, 영혼의 특질은 항상 스스로 풍부해지기 때문에, 폰 하르트만의 지성은 지성에 또다시 지성을 곱한 것, 곧 '지성의 제곱'이라는 것입니다.

우리는 결코 오늘날의 우리가 그런 것처럼 잠을 자느라 그런 현상들을 놓쳐버려서는 안 됩니다. 우리는 이 현상들을 공식화하여 영혼 앞에 붙들어놓을 수 있어야 합니다. 그러면 우리는 실제로 이 시대의 모순에 직면할 것입니다. 에두아르트 폰 하르트만을 그토록 지성적으로 만든 것은 무엇이었을까요? 그가 그토록 지성적일 수 있었던 이유는, 그가 자신의 시대에 주목할 만한 모든 것을 눈 똑바로 뜨고 있는 그대로 보았기 때문이었습니다. 말하자면 그는 철학의 자연과학자였지요.

그러한 현상에 접근하려면, 똑같은 혼돈에 빠지지 않기 위해 무엇을 해야 하는지가 완전히, 그리고 경험적으로 명확한가 하는 것이 문제가 됩니다. 우리가 우리 문명 속에서 마주한 혼돈에서 벗어나고 싶다면, 우리가 자신의 내부에 정말 무엇을 지니고 있는지를 면밀히 주시해야 합니다.

우리가 정말 인간의 물질육체로부터 출발하여 정신을 향해 나아간다면, 우리는 영혼에 접근하기 시작합니다. 이렇게 함으로써 우리는 에테르 혹은 형성하는 힘의 실체를 만나게 됩니다. 당시의 다른 모든 사람과 마찬가지로, 폰 하르트만은 이 에테르 혹은 형성하는 힘에 대한 개념이 전혀 없었습니다. 그는 외부적, 자연적, 물리적 실재에 대한 관찰로부터 물질육체에 면하는 실재, 다시 말해 에테르, 형성하는 힘으로까지 결코 나아가지 못했습니다.

우리는 잠이 들 때 아스트랄체와 자아가 물질육체와 에테르체로부터 분리된다는 사실을 알고 있습니다. 에테르체는 물질육체 속에 남겨집니다. 사실 우리는 우리의 지상의 의식만을 가지고는 이 에테르체가 어떤 성질인지를 결코 알 수 없습니다. 우리가 깨어날 때 아스트랄체와 자아가 에테르체 속으로 침잠하기 때문입니다. 그러면 우리는 내부에 있게 되지요. 우리는 아스트랄체와 자아가 내부로 가져온 것을 체험합니다. 잠자는 동안 자아와 아스트랄체가 바깥에 있을 때, 에테르체 속으로 들어오는 것은 훨씬 더 고도로 조직된 존재일 것입니다. 에테르체가 실제로 어떻게 움직이는지를 정말 객관적으로 관찰할 수 있는 존재라면, 잠에 들 때 에테르체처럼 물질육체와 함께 뒤에 남겨진 것이 무엇인지를 정확히 찾아낼 것입니다. 우리가 뒤에 남겨두는 것을 연구한다면 에테르 혹은 형성하는 힘의 실체가, 실제로 지상적 의미뿐 아니라 그보다 훨씬 높은 의미들에서 모든 지혜의 전형이라는 것을 깨달을 수 있겠지요.

그렇다면 진정한 지식의 관점에서 부인할 수 없는 것이, 밤에 우리가 우리의 물질육체와 에테르체를 남겨두고 떠날 때 뒤에 남겨진 이 두 육체는 그 속에 존재할 때의 우리보다 훨씬 더 현명하다는 사실입니다. 무엇보다도 우리의 자아와 아스트랄체에 관한 한, 우리는 각각 지구 진화에서 좀 더 최근의 단계인 지구와 달 단계의 산물입니다. 반면 에테르체는 그전의 진화 단계인 태양 단계로 거슬러 가고, 물질육체는 첫 번째 진화 단계인 토성 단계로까지 거슬러 갑니다.[10] 그러므로 이른바 이들 태양 단계와 토성 단계는 훨씬 고도의

---

10 루돌프 슈타이너의 정신 연구에 기반한 인지학적 우주론에 따르면, 현재 우리 지구는 일곱 단계의 진화 과정 중 네 번째 단계에 와 있다. 이들 단계는 의식의 단계들이자 이러한 '지구-우주'의 전개에 있어 진화의 순간들이다. 루돌프 슈타이너는 이들 일곱 단계를 토성, 태양, 달, 지구, 목성, 금성, 그리고 벌컨이라고 명명했다. 이들의 관계에 관한 기술은 슈타이너의 여러 저술에서 찾아볼 수 있다. 특히 〈신비학 개요〉와 〈정신의 계급과 물질계〉 (Anthroposophic Press, 1996)의 2부 "실재와 환상: 진화의 내적 양상"에 잘 나와 있다.

완성 단계에 와 있지요. 태양-진화의 과정에서 우리의 에테르체에 축적된 지혜의 총합에 비한다면 오늘날의 우리는—우리의 자아와 아스트랄체 내부의—아무것도 아닙니다.

다음과 같이 말할 수도 있습니다—에테르체는 응축된 지혜이다. 그러나 우리가 자아와 아스트랄체의 지혜를 에테르체로 들여오고 싶다면, 에테르체에 상응하는 무언가가, 곧 부본(副本)이 필요합니다. 이는 마치 우리가 거울상을 조금이라도 보기 위해서는 거울에 비친 부본이 필요한 것과 마찬가지입니다. 우리는 물질육체가 필요한 것입니다. 서 있을 물질적인 바닥이 없으면 설 수 없는 것과 같이 에테르체가 물질육체와 접하여 사방에서 '부딪치지' 않는 한 우리는 우리의 에테르체 안에서 살 수 없을 것입니다. 만약 에테르체가 물질육체 속에서 짝을 찾지 못하면, 우리는 에테르체 속에서 살 수 없을 것입니다. 에테르체의 내적 삶은 공중에 둥둥 떠다닐 것입니다. 따라서 우리는 에테르체 안에서 살고, 정상적인 지상의 삶을 위해 그 지지대로 물질육체를 필요로 하는 영혼의 삶을 살아갑니다.

이런 영혼의 상태로는 광물계에만 다다를 수 있습니다. 우리는 생명이 없는 것으로만 뚫고 들어갈 수 있지요. 식물계에 도달하기 위해서 우리는 에테르체를 물질육체 없이 사용할 줄 아는 능력이 필요합니다.

이것을 어떻게 해낼 수 있을까요? 어떻게 해야 물질육체 없이 우리의 에테르체를 사용하는 방법을 배울 수 있겠습니까?

그럴 수 있으려면, 점차로 내적 수양을 통해 자신을—물질육체 때문에—중력의 영역에서 사는 것을 선호하는 존재에서 가벼움의 영역에서 사는 방법을—빛에 의하여—배우는 존재로 변화시켜야 할 것입니다.

우리는—빛을 통해—지구와의 관계를 경험하는 대신 우주 공간과의 연계를 느끼는 존재로 자신을 변형시켜야 합니다.

점차로, 별이나 태양, 달, 그리고 우주 공간에 대한 명상은 초원에서 자라나는 식물들과 같이 우리에게 친숙해져야만 합니다.

만약 우리가 지구의 자손에 불과하다면, 우리는 초원을 뒤덮은 식물들을 얕잡아 봅니다. 우리는 식물들을 즐기지만, 지상의 존재로서 중력의 압박을 받는 우리로서는 그들을 이해할 수 없습니다. 중력에 잡혀 있는 지구인으로서, 우리는 지구 위에 서 있는 방법을 배웠습니다. 하지만 자신을 변형시킬 수 있다면 우주 공간만큼의 넓이와 우리를 연결할 수 있지요. 별이 흩뿌려진 천상의 초원까지 말입니다. 우리 의식의 현 상태에서 우리는 천상을 바닥이라기보다는 '천장'이라 여깁니다. 그러나 일단 하늘이 우리 발밑에 있는 지구의 땅과 같이 친숙해지면, 우리는 예전에 우리가 물질육체를 쓰는 방법을 배웠듯이 에테르체 사용법에 대한 배움을—지상의 의식을 우주의 의식으로 변화시킴으로써—시작할 수 있습니다. 그제야 우리는 식물계를 이해하고 꿰뚫어 볼 수 있게 되는 것이지요. 식물들은 땅밖으로 밀어올려지기보다 하늘로부터 끌어당겨지기 때문입니다.

괴테는 〈식물의 변형에 관한 소론〉을 쓸 때 이런 열망으로 가득 차 있었습니다.[11] 그는 자신이 지구가 아닌 태양을 향해 있다고 느끼는 사람—식물이 여전히 땅속에 숨어 있을 때에 태양이 식물의 생장력을 땅 밖으로 끌어당기고 있다고 느끼는 사람—이 말할 만한 많은 것을 이야기했습니다. 그는 공기의 영향력과 상호 작용하면서 태양의 힘이 어떻게 차츰 이파리를 발달시키는지, 그리고 태양은 그때 식물이 땅에서 빨아들인 원소들을 어떻게 천천히 요리하는지를 느꼈습니다.

괴테의 놀랄 만한 1790년 소론을 보면 책 전체에 걸쳐 이러한 관점에 접근하고 있다는 것을 알 수 있을 겁니다. 괴테는 식물계로 뚫고 들어가려는 소망을 가지고 살았지요. 하지만 그는 물질적 통찰력 대신 에테르적 통찰력을 발전시키지는 못하고, 다만 에테르적 통찰력에 우연히 머물렀을 뿐입니다. 여러 차례에 걸쳐서요. 그럼에도 에테르적 통찰력을 발전시키려는 이러한 추진력은 괴테에게 이미 존재했으며, 괴테—죽은 괴테가 아니라 지속적인 영향력을 행사하는 살아 있는 괴테—를 배우려는 모든 사람은 이런 추진력을 그 이상으로 가져야 할 것입니다.

11　"식물의 변형을 설명하려는 시도"라는 제목으로 첫 출간되었고, 후에 "식물의 변형"이라는 좀 더 간단한 제목을 달고 재간되었다. J. W. 폰 괴테의 〈과학적 저술들〉(Princeton, NJ.: Princeton University Press, 1995)을 참조하라. 슈타이너의 해설과 논평을 보려면 루돌프 슈타이너, 〈자연의 공공연한 비밀〉(Jone Barnes 편, Anthroposophic Press, 1992) 참조.

인간의 영혼들이 에테르적 통찰력을 발전시킬 수 있다는 사실을 이해하게 되면—이는 에테르체를 진정으로 의식하게만 되면 가능한 일입니다—우리는 자신이 천상에서 유래했다는 것과, 지구와는 독립적인 존재라는 점을 인식할 수 있게 될 것입니다. 우리가 지구로 이식되었다는 사실을 이해할 수 있게 되는 것이죠. 그러면 우리의 영혼은 다음과 같이 말할 수 있을 것입니다. "나는 우주에서 왔습니다. 내 물질육체는 나를 지구로 옮겨놓지만, 내 고향은 우주입니다. 그리고 내가 식물계 속에서 기뻐할 수 있다면 내 안에서 기뻐하는 그것은 하늘의 아이입니다. 그 아이는 식물계에서 하늘이 지구 바깥으로 끌어당긴 것을 보고 기뻐하는 것입니다."

우리가 자신의 에테르 혹은 형성하는 힘의 실체를 진정으로 파악하게 되면, 우리는 지구에서 우리 영혼을 구해내는 것입니다. 우리가 이 일을 해낼 수 있다면, 만약 우리가 일반적으로 물질육체 속에서 살아가는 것과 같이 에테르체 안에서도 살 수 있다면—이렇게 되기 위해서는 식물계에 대한 진정한 사랑이 필요합니다—의식의 세계로 길어 오른 것은 우리 자신의 에테르체만이 아닙니다. 우리의 물질육체에 의해—우리의 감각에 의해—물질계가 우리의 의식 속에 길어 올려지듯이 에테르계도 우리의 에테르체에 의해 의식 속에 자리를 잡습니다.

그리고 만일, 우리가 우리의 물질육체로서 물질계에 면해 있듯이, 에테르체를 통해 에테르계를 들여다보게 되면 어떤 것을 느낄 수 있을까요? 우리는 그때 무엇을 볼 수 있을까요? 우리는 모든 사물의 과거―이 물질계가 지나온 실제 과거―가 우리 육체의 눈앞에 펼쳐져 있는 것을 보게 될 것입니다. 우리는 사물의 과거상―현재를 있게 한―을 정신 속에서 보게 됩니다.

이미 아주 먼 고대로부터 인류에게 주어진 최초의 비전 입문은 우주로의 입문이었습니다. 첫 신비학교들은 이러한 우주 입문을 도왔습니다. 이러한 최초의 비법들을 전수하는 교사들은 학생들에게 이른바 '카오스적 해석', '아카샤 연대기적 해석'이라 불리는 우주 에테르적 해석, 다시 말해 현재가 우리 눈앞에 불러들인 과거에 대한 해석을 가르쳤습니다. 실제적으로, 이와 같은 우주에 의한 입문이야말로 인류가 지상의 존재로 달성한 첫 단계의 입문이었습니다.

마찬가지로 비전 입문의 두 번째 단계에 도달할 수 있습니다. 이러한 일이 일어나려면 우리가 깨어날 때 아스트랄체와 자아가 물질육체와 에테르체 속에 스며들도록 두어야 합니다. 우리는 에테르체와 물질육체 속에 '혼을 불어넣습니다.' 그것들에 우리 자신을 결합하는 것이지요. 그러나 우리가 에테르체의 무한한 지혜를 얻을 수 있는 것은 우리 자신이 에테르체 속에 도달하는 만큼뿐입니다. 어쨌든 우리를 끊임없이 자극하는 것은 에테르체입니다. 우리가 뛰어난 직관을 발휘할 때마다 이 직관을 자극하는 것은 우주와 내적으로 연결돼 있는 에테르체입니다. 우리는 우리가 깨어 있을 때 발달시키는 모든 직관과 비범한 재능을 우주를 거쳐 에테르체로부터 받습니다. 에테르체가 아스트랄체를 자극할 때마다 우리의 비범한 재능은 우주와 대화를 나눕니다.

우리가 이런 것들을 볼 수 없다 해도 우리는 변함없이 그 속에 존재합니다. 언제나 우리 영혼의 삶은 우리의 물질육체와 에테르체로 스며든—깨어 있는 상태에서—우리의 아스트랄체와 자아 속에 있습니다.

일단 별들이 초원과 같이 익숙해지면, 우리가 우주 공간을 저 높이 우리의 존재가 서 있는 땅으로 만드는 만큼, 우리는 에테르계를 경험할 수 있습니다. 사실 우리는 항상 에테르계를 경험하지요. 그러나 비전 입문 없이는 인지적으로 그 속에 스며들 수 없습니다. 그럼에도 사실 모든 인간이 에테르계를 경험합니다. 만약 우리가 아스트랄체의 반대편 짝을 찾고 있다면, 그 짝인 에테르체는 항상 그 자리에 있습니다. 모든 인간에게 현존하는 것에 주목하게 하는 일이 바로 정신과학의 문제입니다.

예를 들어 보겠습니다. 여러분이 밑에 있는 바닥을 볼 수는 없지만 어쨌든 그 위에 서 있다고 해봅시다. 그렇다면 사실 여러분은 그 위에 서 있을 것입니다.(바닥에 대해선 아무것도 몰랐다 하더라도!) 그렇다면 어떤 사람이 과학적 방법으로 바닥이 거기에 있다는 것을 증명해서 여러분에게 그렇게 이야기한다고 칩시다. 여러분은 변함없이 그 바닥 위에 서 있을 것입니다.(늘 그랬던 것처럼) 마찬가지로, 정신과학을 알고 있는 사람은 여러분의 아스트랄적 존재가 위쪽 바닥—별들의 바닥—에까지 가닿는다고 이야기할 수 있습니다. 그러나 사실 그가 한 말과는 무관하게 여러분은 벌써 그렇게 하고 있습니다. 벌써 별들에 가닿은 것이지요.

달리 말하면, 아스트랄체를 지닌 인간으로서, 우리는 이미 다른 세계, 상위 계급들의 세계라고 설명한 살아 있는 정신적 존재들의 세계에 살고 있습니다.[12]

우리가 물질계에 있을 때 우리는 물질적 관점에서 사물을 봅니다. 그때의 실재는 광물, 식물, 동물과 지지하는 땅이 있는 물질계—이 세계에서 인간은 진화 과정상 제일 마지막에 등장합니다—가 됩니다. 더구나 인간은, 그들의 아스트랄체 덕분에, 상위 계급들의 세계에서 삽니다.

이 세계에 존재하는 것만으로도 우리는 아스트랄체에 알맞은 부본을 가지고 있습니다. 우리는 정신과학에서 배우는 내용을 항상 우리 속에 가지고 다닙니다. 그리고 우리가 그렇다는 것은 물론 정신과학의 가르침과는 관계가 없습니다. 또 우리는 언제나 느낄 수 있는 능력을 우리 안에 지니고 있습니다.

우리의 감정을 통해, 또 이러한 영혼 속 가장 내밀한 삶을 통해

---

12   슈타이너는 '계급(hierarchies)'이란 용어를 천사의 혹은 천상의 아홉 계급을 설명하는 데에 사용했다. 〈신비학 개요〉, 〈정신의 계급과 물질계〉, 〈천재들과 자연의 왕국들 속의 정신 존재〉(Anthroposophic Press, 1992)를 참고하라.

세계로부터 우리 것으로 만들 수 있는 것이 무엇이든 간에, 그것은 우리의 아스트랄체 안에서 솟구쳐 나와 더 높은 정신 계급들을 엮어 넣는 것입니다. 자연히 우리가 우리의 감정을 의식하게 될 때마다, 이 경험 자체가 우리 지각의 직접적인 대상이 되지만, 감정 자체는 우리를 통해 더 높은 정신 계급들이 어우러져 작용하고 있습니다. 우리는 더 높은 계급들의 정신계들 안에 빠져들어 영혼을 경험하지 않는 한 그것을 진정으로 파악하거나 이해할 수 없습니다. 제가 우주 입문과 같은 첫 번째 지상의 비법들을 통해 전해지는 내용에 대한 당시의 기술을 제시할 때마다 여러분은 과거가 에테르적 통찰력을 통해 우리의 현재적인 감각으로 다가온다는 것을 알게 됩니다. 마찬가지로, 영혼이 깊어지면 아스트랄체에서 일어나는 일에 대해 의식하게 됩니다.

이는 정신계와의 관계로서 위대한 신비들 속에 사는 모든 것에 애정을 가지고 열중할 것을 요구합니다. 만약 우리가 그러한 입문의 지혜의 안내에 따라 우주의 가르침을 받게 된다면, 영혼적 실재의 첫 단계에 도달하게 됩니다. 우리가 신비적인 사건들에서 실제 일어난 일을 꿰뚫고 들어가게 되면 이른바 아카샤 기록 속에서 별들과 지구, 그리고 인류의 과거만을 읽을 수 있는 것이 아닙니다. 우리는 이 비법들을 전수하는 위대한 스승들의 영혼 속에 무엇이 있었는지까지 읽어낼 수 있습니다. 제가 〈신비한 사실로서의 기독교〉에서 여러분께 설명 드리고자 한 것이 우리 안에 살아나게끔 할 수도 있습니다.[13] 우리는 이런 스승들이 정신적 존재들과 더불어 그들의 작업 속에서 그들 자신으로부터 발전시킨 내용에 생명을 불어넣을 수 있습니다. 이렇게 함으로써 우리는 후에 우주 입문에 더해진 비전 입문으로 접근해갈 것입니다. 이것을 저는 현자들의 입문이라 하겠습니다.

따라서 우리는 입문의 두 단계에 대해 이야기할 수 있습니다. 우주를 통한 입문과 현자들을 통한 입문이 그것입니다. 우주의 지식으로서 현자들이 가르친 것이 우주적 입문의 내용을 이루었습니다. 인간의 영혼적인 삶 속에서 우리 앞에 나타난 이들의 영혼을 들여다봄으로써 그 영혼 존재의 두 번째 단계에 도달합니다. 우리가 이 영역에 들어오기 위해서는 외부의 역사로 시작할 수 있습니다.

우리는 고대로부터 끊임없이 우리에게 빛을 드리우고 있는 것들—예를 들어 비범한 베단타의 지혜나 기타 오래된 지혜의 가르침들—을 내적으로 생동감 있게 파악하고 이해하려 노력할 수 있지요. 이렇게 하면 우리는 실제로 우리 자신의 내면생활을 파악하기 시작하고, 이로써 우주적 입문에 접근하기 시작합니다. 또 만약 우리가 그러한 것들에 진정으로, 애정을 가지고 열중하게 된다면(제가 고대의 신비들과 골고다의 신비의 내용 사이의 관계를 설명한 〈신비한 사실로서의 기독교〉에서 했던 것처럼), 우리는 현자들의 입문에 접근하기 시작

---

13   루돌프 슈타이너, 〈신비한 사실로서의 기독교〉(Anthroposophic Press, 1997).

하는 것입니다.

현 시대가 요구하는 한 가지 것은 바로 자신의 내면을 정직하게 들여다보고, 우리 자신의 정신—말하자면 내부에서 영혼을 비추는 정신—을 편견 없이 이해하게 되는 것입니다. 여기에 관해서는 이후에, 제가 우리 시대에 요청되는 입문의 세 번째 단계—자기 인식의 입문—로서 이를 설명하게 될 때 다시 언급하도록 하겠습니다.

정신과학이 영혼에 대해 말할 때는 이러한 세 단계에 걸친 입문—우주를 통한, 현인을 통한, 그리고 자기 인식을 통한 입문—의 정신에 관해 터놓고 이야기해야 합니다. 그렇게 함으로써 정신과학은 영혼 삶의 여러 경계를 가로질러 갑니다. 하지만 사랑 없이는 이 길로 단 한 발자국도 내딛을 수 없습니다.

제가 여기서 강조해야 할 점은, 오늘날의 오성이야말로 그 정점에 이르면 사랑을 잃어버리고 만다는 것입니다. 이 때문에 아주 특이한 일이 생기지요.

사랑으로써 물질육체, 아스트랄체, 에테르체, 그리고 자아로 표현된 실재들 속으로 들어가기 위해서는, 우리는 우리 시대를 지배하는 정신의 음성 같은 것을 흡수해야 합니다. 우리는 우리 시대의 수호신 혹은 정신의 음성에 주의 깊게 귀 기울일 만한 선의를 필요로 합니다. 하지만 오늘날의 인간들이 정말 '우리 시대의 수호신'이라는 말이 의미하는 바를 필요한 진지함을 가지고 받아들일 수 있을까요? 대부분의 사람들에게 이 말이 추상적인 관용구 이상의 의미가 있을까요? 한번 생각 좀 해보세요. 실제 사람들이 정말로 정신적으로 살아 있는 실재를 이해하는 것과 얼마나 동떨어져 있는지 말이죠. 그리고 그들이 '우리 시대의 수호신'이라는 말을 할 때 자신이 실제 무슨 말을 하고 있는지를 얼마나 모르고 있나 말이죠.

인간은 정신을 부인할 수는 있지만 없애버릴 수는 없습니다. 정신이 인류와 연결되어 있다는 사실은 변할 수 없습니다. 인간이 그 시대의 수호신을 저버리면, 그 시대의 악마가 끼어듭니다. 이런 경우에 어떤 일이 발생하는지는, 19세기 마지막 30여 년간의 일을 잘 생각해보면 이해할 수 있습니다. 이때는 인간의 오성이 아주 세세한 속 내용까지 물질적 삶의 메커니즘을 따를 수 있는 시기였습니다. 이 과정에서 오성 자체가 자동적이고, 기계적이 되었습니다. 이렇게 오성은 고도의 발전을 이룩했지요. 너무나 똑똑해져서 지성의 극점에 다다른 것입니다!

하지만 얼마나 똑똑해졌는지와는 관계없이, 오성은 그 속에서 기계적이고 물질주의적인 것들만 탄생시켰습니다. 오성은 인류가 시대의 수호신을 거부하는 때 그러는 것처럼 행동했습니다. 따라서 인간의 오성은 그 시대 악마의 먹이로 전락했습니다. 영혼으로부터 분리되어, 그것은 기계적이고 영혼 없는 상태가 되었으며, 그러한 기반 위에서 철학을 만들었습니다. 그것은 사랑이 없었습니다—그것은 지혜를 사랑할 수 없었습니다. 그것의 철학은 지구상의 악마 연구의 오성적인 복제물로서 그러한 악마 연구가 품을 수 있는 이상이란 고작 기계가 지구 중심으로 뚫고 들어가 세상을 우주 공간으로 날려버리는 것이었습니다.

이것은 이 시대의 오성에게 말을 건네는 이 시대의 악마였지요. 종종 우리가 영혼을 알고 싶어 하지 않을 때, 우리가 듣는 것은 그 시대 악마의 소리입니다. 그때 오성 앞에 나타나는 영혼은, 마치 깨어나면서 우리가 우리의 물질육체, 에테르체 속으로 뛰어들기는 하나 이들과 융합하지 않고 분리되어 있을 때 우리 앞에 드러나는 영혼의 모습과 같습니다. 그런 오성은 인간다움의 의미로부터 벗어났기 때문에 인류의 존재 자체와는 상관이 없습니다. 인류의 존재와 결합된 오성은 지상의 의식에서 의식의 다른 상태들로까지 성장합니다. 지구와 연결돼 있는 동시에 두절돼 있는 오성은 그 오성의 거울상일 뿐입니다. 그와 같은 오성에서 의식의 다른 모든 상태는 끝없는 무의식의 바다의 일부입니다. 그때의 인간 영혼은 자신의 기원이 천상에 있다는 인식을 중단하고, 지상의 삶과 관련하여 자신의 자주성에 대한 자각을 잃어버립니다.

하지만 인간 영혼의 특징은, 우리가 존재하는 가운데 육체적 실재와 정신적인 실재들 사이를 왔다 갔다 한다는 사실에 있습니다. 인간의 영혼적인 삶은 육체적인 것과 정신적인 것 사이의 이러한 움직임에 있습니다. 만일 우리가 진심으로 육체만을 믿고 정신을 완전히 저버릴 수는 없다면 정신은 그저 무의식이 되고, 이로써 우리는 영혼을 부정합니다.

하르트만은 지구의 멸망을 악마적으로 그려 보였습니다. 그는, 자신의 물질육체 안에 잠들어 있고 그 속에서 말하자면 투시자가 된 사람처럼 그 일을 해냈습니다. 하르트만이 지상의 고통에 대해 자신의 오성적인 해석을 완성해가고 있을 바로 그 당시에, 그의 친구이자 그와 많은 서신을 주고받았던 한 사람은 병상에 누워 있었습니다. 그의 몸은 고통에 시달렸습니다. 그에게 속한 영혼-정신적인 존재의 수많은 기관들이 그의 물질육체에 접근할 수 없었습니다. 이 사람은 지상의 고통을 단지 생각만 한 것이 아니라 실제로 체험했습니다. 그리고 그에게 그 시대의 영혼 부재를 다룰 수 있는 유일한 방법은 풍자라 생각되었습니다. 그 사람은 1880년대에 〈호문쿨루스〉란 책을 써서 영혼 부재 시대에 대한 관점을 열어 보인 로베르트 하메를링입니다. 그는 모든 외부의 물질을 얻으려 노력하고 물자를 점점 축적하며 결국 억만장자가 되는 인물상을 창조하였습니다. 이는 하메를링이 그의 영혼의 눈으로 응시한 무서운 예상이었습니다. 영혼이 없는 그 억만장자—영혼의 협조 없이 순전히 기계적인 방법으로 세상에 온 '호문쿨루스'—는 역시 영혼 부재의 정령(精靈)인 인어 로렐라이와 결혼합니다.

하메를링에게 있어 영혼 없는 시대정신의 관점은 전적으로 물질적 영역에만 초점을 맞춰 노력하는 사람의 모습, 정신이 부재한 주지주의를 위해 노력하는 사람의 모습으로 살아났습니다. 그렇듯 정신이 부재한 주지주의는 자연정신들에 존재하지만, 인간에게 나타나면 파괴력—세계를 통째로 날려버리려는 야망을 가진 악마적 파괴력—을 깨우게 됩니다. 로베르트 하메를링에게, 영혼 부재의 문제를 다루는 유일한 방법은 풍자였지요.

우리는 현대 문명과 문화에 영혼을 회복시켜야 합니다. 그러나 우리가 그럴 수 있으려면—세상에 영혼을 전할 수 있으려면 오직— 정신적인 깨달음의 빛이 지상에서 인간의 경험들을 비추어야 합니다. 따라서 우리 시대의 가장 영리한 사람이 정말 무서운, 불쾌한 방식으로 내놓은 것, 고통에 시달리며 이 영리함의 비극을 보았던 한 남자가 풍자적 형태로 내놓은 것—이것이 바로 인류가 정신적인 깨달음을 통해 영혼의 관점으로 변형시켜야 하는 것들입니다.

어제는 물질적 관점에 대해서 이야기했고, 오늘은 영혼적 관점에 대해 말하고자 했습니다. 내일은 정신적 관점에 관해 이야기할 것입니다.

3 정신적 관점
1923년 7월 22일, 도르나흐

지상의 존재로서, 우리는 애초에 세 가지 상태의 의식이 갈마드는 것을 알고 있습니다. 하나는 깨어 있는 상태입니다. 우리가 깨어나는 순간부터 잠드는 순간까지 지속되지요. 또 그 반대인 잠자는 상태가 있습니다. 이 상태에서 영혼은 어느 정도까지 정신적 어둠 속에 잠기고, 주변 상황은 체험하지 못합니다. 이 둘 사이가 꿈꾸는 상태이죠.

꿈의 상태에 대해 우리는 적어도 다음과 같은 사실을 알고 있습니다. 깨어 있는 상태에서 하는 경험들이 꿈으로 나타난다는 것과, 반대로 어떤 유별나게 의미 있고 흥미로운 내부의 힘들이 깨어 있는 상태에서 수립된 관계들을 변형시킬 수 있다는 것을 알고 있습니다. 예를 들어 우리는 오랫동안 잊고 있었던 사건이 마치 당장 있었던 일처럼 보인다는 것을 알고 있습니다. 거의 의식하지 못하게 된 일, 깨어 있을 때 별다른 주의를 기울이지 않았던 일이 우리 꿈속에서 재연될 수 있다는 것 등도 알고 있습니다. 보통은 완전히 무관한 일들이 꿈속에서 접합되기도 합니다.

꿈의 내용—꿈에서 우리가 지각하는 모든 것—이 강한 이미지(像)적 성격을 지닌다는 것은 꿈의 또 다른 특징입니다. 꿈속에서 말소리가 울릴 때조차도, 꿈에 나오는 것은 말의 이미지 특성—어조나 억양—입니다. 소리나 낱말은 영혼이 들을 수 있는 상들로 모두 변형됩니다.

이렇듯 꿈은 인간 영혼의 가장 깊은 곳에 가닿을 수 있는 수많은 면들을 보여줍니다. 그러나 깨어 있는, 잠을 자는, 그리고 꿈을 꾸는 이 세 가지 의식 상태 사이의 관계성에 대해 올바로 이해하지 못하면 실제의 정신적 존재에 대한 통찰력을 얻을 수 없을 것입니다.

오늘 저는 정신과학의 도움을 받아 이 세 상태의 특성을 설명해보려고 합니다. 깨어 있는 낮의 의식에서 시작해보겠습니다.

우리가 우리의 육체, 육체 기관들, 또 육체와 연결된 우리의 생각을 사용하기 시작하는 때에야 일상의 깨어 있는 삶을 영위할 수 있다는 사실을 우리는 쉽게 알 수 있습니다. 우리는 깨어날 때 자아와 아스트랄체가 물질육체와 에테르체 속에 잠긴다는 사실을 의식적으로 알지는 못합니다. 그럼에도 우리는 빠르지만 확실하게 지각할 수 있는 방법을 통해 우리의 사지를 지배하는 힘, 기관을 지배하는 힘, 그리고 내적 사고를 펼쳐나가는 힘을 어떻게 회복하는지 체험할 수 있지요.

이 모두는 깨어 있는 상태가 물질육체와 연결돼 있다는 것을 우리에게 가르쳐줄 수 있습니다. 그리고 정신과학의 관점에서 에테르 혹은 형성력을 생각한다면, 우리는 또한 깨어 있는 낮 동안의 삶이 물질육체만큼이나 에테르체와도 굳게 연결되어 있다고 말해야 합니다. 우리의 깨어 있는 삶을 이끌기 위해서 우리는 이 두 육체—물질육체와 에테르체—에 자신을 가라앉히고 그 두 육체의 조직 체계를 이용해야 하는 것입니다.

정신과학에 의한 깨달음이 없이는 깨어 있는 삶에 대해 갖가지로 오해할 가능성이 큽니다. 감각의 삶에 대해서는 여기서 언급할 필요가 별로 없습니다. 깨어 있는 시간에 우리가 우리의 감각 기관을 사용하고, 이 감각들을 통해 우리를 둘러싼 외부 물질계가 현시 혹은 발현한 것이 우리에게 전달된다는 사실보다 더 확실한 것이 어디 있겠습니까? 감각들을 조금만 관찰하면 우리가 깨어 있는 경험이라 부르는 것이, 눈과 귀 및 여타 감각 기관들과 우리를 둘러싼 환경 사이의 관계를 통해 일어난다는 것을 입증할 수 있습니다.

생각과 표현은 좀 더 엄밀히 살펴봐야 합니다. 우리는 우리의 표현이, 처음에는 우리 감각 생활을 내면화한 데 지나지 않는다는 사실에 대해 분명한 확신을 갖고 시작해야 합니다.

자신을 정직하게 들여다본다면, 우리는 감각을 통해 인상을 감지하고, 우리의 생각 속에서는 이 인상들을 내부로 연장한다는 결론에 이르러야 합니다. 그때 우리의 생각들을 조사해본다면, 생각이란 우리의 감각을 통해서 우리에게 전달된 대상의 그림자 상이라는 사실을 깨달을 것입니다. 어느 정도까지는, 인간의 생각은 오로지 외부로 향합니다.

　자, 봅시다. 생각은 에테르 혹은 형성하는 힘의 활동입니다. 그러므로 우리는, 깨어 있는 인간이 감각적인 지상의 존재로서 사고하는 한은 에테르 혹은 형성하는 힘을 외부로 향한다고 얘기할 수 있을 것입니다. 그러나 이렇게 말하는 것은 사실 우리가 에테르 혹은 형성하는 힘의 일면만을 보고 있기 때문입니다. 만약 우리가 보통 때의 깨어 있는 의식의 내용, 말하자면 외부 세계에 관한 생각들만을 고려한다면, 어떤 이유로 우리가 사람을 뒤에서밖에 볼 수 없는 것과 마찬가지입니다. 사람들을 뒤에서밖에 볼 수 없다고 상상해보십시오! 여러분은 그들에 관한 갖가지 생각을 떠올릴 것이고, 분명 크게 만족스럽지는 않을 것입니다. 그러면 여러분은 사람들이 앞에서는 어떻게 보일지, 이렇게 말하는 것이 실례가 아니라면, 극도의 호기심으로 간절히 알고 싶어 하겠지요. 뒤가 있으면 앞도 있다는 것을 여러분은 확신하고 있을 테니까요. 그리고 다른 쪽 면인 앞면이야말로 물질적인 지상의 존재에게는 가장 많은 것을 표현하는 면이라는 것도요.

　따라서 그것은 우리와 함께 있습니다. 우리가 외부 세계에 대한 우리의 생각을 의식하게 되면 우리는 자신이 일정한 방식으로 뒤를, 생각의 다른 편을 보고 있다는 사실을 깨닫습니다. 생각은 거꾸로 흐릅니다. 인간 내부에서 감각의 흐름은 언제나 앞에서 뒤로 향하기 때문이죠. 따라서 겉모습이 어떻든 간에 물질적으로는 앞면으로 보이는 것이 생각으로 보면 실은 뒷면이라는 것을 알아차려야 합니다. 우리는 인간의 생각을 다른 면—외부 감각으로부터 받은 인상을 향해 있지 않고, 감추어진 내면을 보여주는 면—에서 볼 수 있게 되어야 합니다.

여기서 우리는 크게 주목할 만한 사실과 만나게 됩니다. 내부로부터 오는 생각은, 우리가 그것을 의식 속에 들여온 외부 세계의 상들로 생각할 때처럼 우리 앞에 나타나는 것은 아닙니다. 이렇듯 다른 일면에서 숙고해보면, 생각—실제로 에테르체를 구성하는 힘들인—은 우리의 물질적 유기체를 구성하는, 신체 기관 내에서 작용하는 창조적인 힘들로 변형됩니다.

성장 과정을 곰곰 생각해보면 우리는 생각의 다른 일면—에테르 혹은 형성하는 힘으로부터 나와 우리에게 유기적 형태를 부여하고 우리를 적극적으로 형성하는 생각—을 보게 됩니다. 우리는 우리의 기관들이 어떻게 만들어졌고, 이를테면 그것들이 배아 상태에서 어떻게 조형됐는지를 잘 생각해보기만 하면 됩니다. 우리가 성장하고 음식물을 물질 대사로 변화시킬 때 우리 내부에서 작용하고 살아가는 이 모든 것—우리 내부에서 형성력으로서 존재하는 모든 것—은 생각의 다른 일면입니다. 보통의 생각은 우리 안에 그림자 같은 사고를 만들어낼 뿐입니다. 그것이 생각의 뒷면입니다. 반면 생각의 창조적인 힘은 우리의 사고 기관을 형성합니다. 우리 두뇌와 전체 신경 체계를 만드는 것입니다. 이런 생각이 에테르, 즉 형성하는 힘의 창조적인 능력입니다. 이것이 생각의 다른 일면인 것이지요.

이와 같은 생각의 창조력이 인간 내부에서 성장의 힘—형성력—으로 작용한다는 사실을 의식하기 위해 고도의 투시력이 필요하지는 않습니다. 생각이 외부 세계의 그림자 같은 복사판이 아니라 내적 활동이라는 사실을 의식하기 위해서는 자신의 내적 존재로 방향을 틀기만 하면 됩니다. 생각의 활동을 알아차리려면, 이를테면 외부 세계로 향해 있던 우리의 관심을 접고, 대신에 우리가 생각하고 있는 것에 대한 내적 활동으로 방향을 전환하기만 하면 됩니다.

이런 식으로 생각의 활동을 이해한다면 인간의 자유가 무엇인지 또한 이해하게 됩니다.

인간의 자유를 이해하는 것은 생각의 활동을 이해하는 것과 똑같습니다.

나아가, 이런 식으로 생각을 이해할 때 우리는 도덕—인간들 내부로 침투하여 그들 사이를 이리저리 누비며 그들 내부에서 솟아나는 도덕—의 본성 또한 이해할 수 있습니다.

이것이 제가 〈자유의 철학〉[14]에서 전하고 싶었던 바입니다. 저는 이와 같이 생각을 능동적 요소로서—외부의 감각적 상들로 채워진

---

14 1894년에 첫 출간된 〈자유의 철학(Die Philosophie der Freiheit)〉은 슈타이너가 이후 진행한 모든 작업의 바탕을 이룬다. 영역본으로는 〈정신 활동의 철학(The Philosophy of Spiritual Activity)〉과 최근 〈정신적 통로로서의 직관적 사고(Intuitive Thinking as a Spiritual Path)〉(Anthroposophic Press, 1994)를 포함하여 여러 다른 제목으로 출판되었다.

생각과 대비되는 순수한 활동으로서—이해하는 내용을 전달하고 싶었습니다. 저는 이 내부의 움직임을 이해시키고 싶었습니다. 인간들이 자신의 내면에서 일어나는 생각의 활동을 어떻게 파악할 수 있는지, 그리고 이렇듯 감각이 배제된, 순수한 생각을 향한 내적 움직임을 통해 인간이 어떻게 도덕을 순수한 생각에서 나오는 어떤 것으로 파악할 수 있는지를 보여주고 싶었습니다. 동시에 저는 인간이 자유라는 의식을 어떻게 획득할 수 있는지를 또한 보여주고 싶었습니다.

따라서 이렇게 말해도 좋겠지요. 우리 생각—주위 감각 세계의 희미한 반영만을 보여주는 생각—의 방향을 바꾸자고 말입니다. 이런 식으로 방향을 바꾸면 생각은 인류 자체의 창조적이고 조형적인 힘이 되기 때문입니다. 생각이 내적인 활동, 자유의 운반자가 되고, 바로 그곳에서 인간 본성의 도덕적 충동들은 파악될 수 있습니다.

이렇게 우리는 정신적으로 물질육체에서 에테르 혹은 형성하는 힘으로 밀고 갔습니다.

따라서 우리는 정신계로 뻗은 사다리를 오르는 첫 발은 자유라는 느낌의 진정한 체험이라고도 말할 수 있습니다.

이제 꿈속 의식을 살펴보도록 합시다. 우리의 꿈이 아무리 혼돈스럽고 두렵거나 걱정스럽다손—혹은 아무리 기쁘다손—치더라도 우리의 꿈은 매순간 영혼 앞에 불려나온 상의 형태로 우리 내면을 움직여 다니고, 그 안에 살고 있습니다. 그리고 우리가 꿈의 내용은 제쳐놓고 대신 그 극적 특성에 주목한다면, 우리는 영혼이 깨어 있든 자고 있든 간에 이러한 꿈의 상들 속에 살고 그 속을 움직여 다닌다는 사실을 알게 될 것입니다.

영혼의 특별한 능력은 꿈에서 표현됩니다. 상(像) 자체의 진위는 논쟁거리가 될 수 있지만, 상들이 맨 처음부터 형성될 수 있다는 바로 그 사실로부터 이 상들을 형성하는 힘이 영혼에 내재해 있다는 것을 알게 됩니다. 꿈속의 상은 영혼 자체의 내적 힘에 의해 영혼 앞에 나타나는 것이지요. 짜 넣는, 내적인 영혼의 능력은 꿈의 기원에 놓여 있습니다.

깨어나는 순간을 잘 생각해봅시다. 잠에서 깨어날 때 우리는 수면의 어두움에서 벗어나면서 이러한 내면의 짜 넣는 힘이 어떻게 존재하는지를 느낄 수 있습니다. 그러나 동시에 그 힘은 물질육체와 에테르체로 잠수해 들어갑니다. 이렇게 하지 않으면 꿈을 계속 꾸게 되겠지요. 이러한 능력은 아스트랄체가 지닌 힘입니다. 아스트랄체는 물질육체와 에테르체 바깥에 있을 땐 자신을 인식할 수 없습니다. 물질육체와 에테르체 속으로 잠수해 들어가서 그 두 체의 저항을 일깨우고 경험해야만 자신을 느끼고 고유의 능력을 감지하기 시작합니다.

꿈속은 혼란스러워 보일 수 있습니다. 하지만 혼돈처럼 보이는 것도 영혼 고유의 힘입니다. 이 힘은 잠에 드는 순간부터 깨어나는 순간까지 꿈속에 살고 있습니다. 이제 그 힘은 물질육체와 에테르체 속으로 잠수해 들어갑니다. 피의 순환 속으로, 그리고 근육의 긴장과 이완 속으로 뛰어듭니다. 그 힘은 에테르체 속으로 빠져듭니다. 그럼으로써 그 힘은 강해집니다. 꿈을 꾸게 하는 힘은 그 자체만으론 약하고 무력합니다. 이 힘만 있을 때는 꿈속의 상은 급속히 지나가 버립니다. 그 힘은 물질육체와 에테르체 속에 관여하여 그 두 체의 기관들을 사용할 때 강해집니다.

꿈을 만들어내는 힘이 강해지면 무엇을 할까요? 그것은 우리 안에 기억, 회상을 만들어냅니다. 기억은 물질육체와 에테르체 속에서 육화된 꿈의 힘에 지나지 않습니다. 물질육체 속으로 잠수해 들어가 꿈의 힘은 물질계의 배열 속에 편입됩니다. 그러나 이제 그 힘은 꿈과 같은 혼란스러운 자료를 만들어내지 않습니다. 그것은 물질계 안에서 회상을 만들어내며, 기억 자료를 형성합니다.

우리가 잠으로부터 꿈과 꿈의 힘을 육체로 가져오지 못하면 우리는 아무것도 기억할 수 없습니다. 물질육체 안에서 꿈의 힘은 기억의 힘, 회상의 힘이 되기 때문입니다.

가만히 앉아, 감각의 외부 세계로부터 벗어나 여러분의 기억이 작동하도록 해보십시오. 기억들이 수면 위로 떠오르면, 그것들을 고요하게 하고 영혼으로 채워보세요. 환상을 자극하는 이 기억들이 제멋대로 움직이게끔 두십시오. 이 경험에서 여러분 내부를 지배하는 것은 바로 물질육체와 에테르체를 통해 강화된 꿈의 힘입니다. 이때의 꿈의 힘은, 물질육체와 에테르체 바깥에서 아스트랄체에 의해 유지될 때 세계정신 속에 잠겨 있던 꿈의 힘과 똑같은 힘입니다. 그곳, 세계정신 속에서, 꿈의 힘은 사물의 비밀을 체험합니다.

여러분이 자는 동안, 깨어 있는 상태에서 기억과 회상의 힘을 창조해내는 이 힘을 자각할 수 있다고 상상해보십시오. 여러분은 물질육체와 에테르체 바깥에서 그 힘이 퍼져나가는 것을 지각하게 될 것입니다. 이러한 상들은 물질 및 에테르 영역으로 뛰어드는 순간에만 형성되기 때문입니다. 여러분은 오히려 물질육체 및 에테르체로부터 떨어져 나와 바깥 우주로 빠져들게 될 것입니다. 잠든 사이에 여러분은 상들의 장엄한 세계 속에서 자신을 체험하는 것입니다.

이 장엄한 세계는 홀로 명상을 할 때 여러분의 기억 속에 오르내리는 우주의 역상(逆像)입니다. 기억의 삶은, 아스트랄체가 바깥 우주의 사물과 과정에 잠겨 있을 때 우리 꿈의 힘이 통과해가는 이 거시적이고 거대하며 장엄한 상들의 짜임과 흐름에 대응하는 소우주적인 역상인 것입니다.

영혼의 정신적인 내용에 대해 이야기한다면, 우리는 보통 이러한 정신적인 내용이 우리의 기억과 생각 속에 살아가는 외부 세계의 변화된 인상과 함께 파도처럼 오르내린다는 사실을 발견하게 될 것입니다. 우리가 우리의 내면생활에 의해 자기 것으로 만드는 이 내용은 우리 안에 모든 것—우리 영혼 삶 속에 온갖 행복, 불행, 기쁨과 괴로움—을 새겨 넣습니다. 그리고 만일 우리가 우리의 영혼 속에 살고 있는 모든 것을 기억의 정신적 내용으로 여기려 할 때 우리가 잊지 말아야 하는 점은, 우리는 그 모두를, 우주에 연결되어 있는 이러한 꿈의 형성력이 우리의 내적 존재 속에 잠길 수 있다는 사실에 의존하고 있다는 것입니다. 바깥 우주의 그러한 이미지(상)의 힘 속에 존재하면서 바깥 세계를 창조하고 활성화하는 무언가가, 우리 속으로 들어와 우리의 영혼을 정신적으로 만드는 기억의 힘으로 이용됩니다.

기억력 속에서, 우리는 우주의 모든 창조적이고 능동적인 힘과 연결돼 있는 것을 느낍니다. 따라서 우리는 다음과 같이 단언할 수 있습니다.

"나는 바깥에서 봄에 피어나는 식물들의 모습을 봅니다. 나는 숲 속에서 나무가 어떻게 매년, 수많은 세월에 걸쳐 싹을 틔우는지를 봅니다. 나는 고개를 들어 더 바깥쪽의 형성력의 영향으로 구름이 변화하는 것을 봅니다. 나는 저 멀리 산이 어떻게 만들어지고 침식되는지를 봅니다. 나는 이 모든 형성력이 별들까지 뻗어 있는 것을 봅니다. 내 영혼 속에 이 모두와 관련된 무엇인가가 있습니다. 나는 영혼 속에 기억의 힘들을 지녔고, 이 힘들은 세계 속, 모든 사물의 변형 속에 작용하는 힘들의 미세한 반영입니다."

이제 자아에 대해 생각해봅시다. 우리가 잠을 잘 때 자아 역시 물질육체와 에테르체를 남겨두고 그 바깥에서 우주의 사물과 과정에 합류합니다. 이와 같이 우리는 인간으로서 어떻게 자신의 현 존재로 사물 속에 뛰어들 수 있는지를 알아차리게 됩니다. 비록 그 경험은 무의식으로 남아 있다 하더라도 말이죠. 어찌 됐든 자아 자체는 분명 깊은 잠에서 빠져나와 물질육체와 에테르체로 들어갑니다. 하지만 정신과학적인 입문만이 이러한 과정을 따라갈 수 있습니다. 그와 관련하여 우리의 기억에 관한 한, 꿈의 힘이 물질적인 존재로 미끄러져 들어가는 방식은, 우리가 일상적인 관찰을 이해하려 할 때 무엇에 의지해야 하는지를 알려줍니다. 이와 같은 이해를 위해서, 우리는 제가 〈어떻게 더 높은 세계를 인식하는가〉[15]에서 기술했던 방식으로 상상을 발달시켜가면서, 그 상상과 함께 관찰하는 법을 배워야 합니다.

상상과 함께 관찰하는 법을 익히고 나면 자아(자는 동안 우주의 사물과 과정에 머무르던)가 물질육체와 에테르체 속으로 어떻게 잠겨드는지 관찰하는 법을 익힐 수 있습니다. 또한 잠의 어둠에서 빠져나올 때 자아가 겪는 변형을 관찰하는 법도 익힐 수 있습니다. 지상에서 인간이 오늘날과 같은 발달을 이루기까지 자아는 잠의 어둠 속에, 영혼의 어둠 속에 잠겨 처음에는 무력한 듯이 보였습니다. 하지만 자아가 물질육체와 에테르체 속으로 뛰어들면서 자아는 거기서

---

15   루돌프 슈타이너, 〈어떻게 더 높은 세계를 인식하는가〉(Anthroposophic Press, 2002).

스스로 강해집니다. 자아는 물질육체와 에테르체가 열어놓은 경로들에 둘러싸이게 됩니다. 자아는 피의 힘을 제어하고 피의 내적 능력을 통해 작용합니다.

이는 깨어 있는 낮의 의식에서 모습을 드러냅니다. 자아는 물질육체와 에테르체 속에 잠긴 채 드러납니다. 자아는 인간 내면에서 자유로운 요소로서 짜 넣고 움직이는 무엇입니다. 자아는 모습을 드러낼 수도 있고, 드러내지 않을 수도 있습니다. 그렇다면 자아가 드러날 때의 특징적인 모습은 무엇일까요?

자아가 나타나는 때에 인간성 속에 등장하는 것이 바로 사랑의 힘입니다.

만약 매일 밤 자아가 우리를 떠나 바깥 우주의 사물과 과정 속으로 빠져들지 못한다면, 우리는 다른 존재나 다른 과정으로 통하는—이를테면 다른 한편이 되어보는—능력을 결코 지니지 못할 것입니다. 자아는 실제로 거기에 잠깁니다. 깨어 있는 의식 속에서 자아가 우리 안으로 미끄러져 들어오면 자아는 외부에서 얻은 사랑하는 능력을 우리 안에 전달합니다.

그러면 이것이 여러분의 내면생활 깊은 곳에서 영혼의 세 가지 능력으로 솟아나게 됩니다. 이 세 가지 힘은 바로 자유, 기억의 삶, 그리고 사랑의 힘입니다.

자유는 에테르체의 내적인 근본 형태입니다.

기억은 아스트랄체의, 꿈을 만들어내는 힘으로서 우리 안에서 생겨납니다.

사랑은 우리가 외부 세계에 아낌없이 헌신할 수 있도록 우리 안에 생겨나는 지도적 힘입니다.

인간 영혼이 이 세 가지 힘에 참여할 때, 그리고 거기에 참여하는 정도만큼, 정신적 삶이 배어듭니다. 이 세 가지 힘―자유로운 느낌, 기억의 힘(우리가 과거와 현재를 연결할 수 있도록 해주는), 그리고 우리의 내적인 삶을 내주고 외부 세계와 하나되게 하는 사랑의 힘―이 완전하게 배어들 때 우리 영혼은 '정신화'됩니다. 이 세 가지 능력을 내적으로 지니게 되면 영혼에 정신이 스며듭니다.

이를 영혼의 올바른 뉘앙스로써 파악하는 것은, 인간이 그들의 영혼 안에 정신을 지니고 있다는 사실을 파악하는 것과 같습니다.

자유, 기억, 사랑 이 세 가지를 통해 정신이 내적으로 영혼 속에 녹아듦을 이해하지 못하는 사람은 어떻게 인간 영혼이 정신을 보호할 수 있는지를 이해하지 못할 것입니다.

이것의 결과는 전 생애에 미칩니다. 일단 우리가 기억과 사랑―아스트랄체에 의해 우리 내부를 관할하는 기억의 능력, 자아에 의해 주어지는 사랑의 능력―사이에 내적인, 살아 있는 관계를 수립할 수 있게 되면 확실히 무언가 멋진 일을 달성할 수 있습니다.

이러한 일들은 살아가면서 직접적으로 파악될 수 있습니다. 우리는 사랑하는 사람이 죽은 뒤에도 그 사람의 기억을 간직합니다. 그 사람의 상을 우리의 영혼 속으로 가져오는 것이지요. 우리는 그 사람이 살아 있을 때 남겼던 감각 인상들을, 그것들의 감각 실재가 우리에게서 빠져나간 뒤에 남아 있는 것과 결합시킵니다. 우리는 외부 감각의 지지가 필요 없게 되는 정도까지 우리 영혼으로부터 온 힘을 다하여 열심히, 기억 속에서 죽은 자들과 함께 살아가는 일을 계속합니다. 우리는 이런 기억들에 생생함을 부여함으로써 마치 죽은 사람들이 거기 우리와 함께 있는 것처럼, 정말 살아 있는 것처럼—마치 우리가 그들의 '삶'을 직접 염려하는 것처럼—보일지도 모릅니다. 이런 것들은 우리 기억 속에 간직된다는 점을 우리는 변함없이 의식하고 있지만, 우리는 우리 기억을 아스트랄체가 강화된 결과로 생겨난 힘—자아를 통해 받은 힘, 사랑의 힘—과 연결시킵니다. 우리는 죽은 사람에 대한 이 강렬한 사랑을 무덤 너머 저승까지 지니고 갑니다. 그전에는 감각 자극의 영향으로 이런 사랑의 힘을 발달시킬 수 있었지요. 이제 우리는 사랑의 힘을, 더 이상 그러한 감각들의 자극을 받지 않는 상(이미지)과 연결할 수 있게 되었습니다.

이로써 신체 기관들을 이용했을 때 아스트랄체와 자아에 의해서만 표현되었을 뿐인 것을 강하게 하는 일이 가능합니다. 이는 아스트랄체 및 자아와 분리되는 어떤 단계까지 내적으로 초월하는 방법입니다. 여러분은 죽은 자에 대한 기억(물질육체와 에테르체의 자극을 받을 수 없는)을 간직하고, 그 기억을 아주 강렬하고 활기 있게 유지함으로써 강렬한 사랑과 결합할 수 있습니다. 깨어 있는 동안 물질육체와 에테르체로부터 자아와 아스트랄체를 해방시키기 위한 첫 단계들 중 하나는 바로 죽은 자들에 대해 우리가 간직할 수 있는 기억에 달려 있습니다.

기억을 생생하게 유지하는 것의 의미를 이해할 수만 있다면, 우리는 물질계와 정신계 사이의 문지방 너머로 이어지는 통로에 있을 것입니다. 만일 우리가 살아 있는 사람을 응시하는 것과 똑같이 죽은 사람이 남긴 모든 것인 상을 응시하는 것이 의미하는 바를 이해할 수만 있다면, 우리는 아스트랄체와 자아의 해방을 체험할 것입니다.

우리는 다음과 같은 경험을 하거나 혹은 충격을 받게 될 것입니다. 처음에, 우리는 이미 죽은 사람이 아직 곁에 있는 것처럼 생생한 기억을 갖고 있습니다. 우리는 깨어 있는 의식 속에서 죽은 사람의 상(이미지)을 그에 대한 사랑과 연결했음을 알고 있습니다. 그 사랑은 한때, 생전의 그 사람에게서 받은 감각 인상의 도움으로만 느꼈던 것이죠. 우리는 이 모두를 우리 내면에서 생생하고 활기 있게 만들어야 합니다. 우리가 필요한 내적 힘을 발달시키고 나면, 그때 충격이 찾아옵니다. 정신계로 통하는 문지방을 넘은 것입니다. 죽은 사람이 완전한 현실로 존재합니다.

이는 인간이 정신계로 들어갈 수 있는 통로 중의 하나입니다. 정신계는 사물임에도 불구하고 오직 경외감만을 느낄 수 있는 것들과 관계가 있습니다. 심지어 우리가 그것들을 이해하는 때라도 우리는 경외감과 어느 정도 진지한 내면의 엄숙함을 가져야만 그것들을 경험할 수 있습니다.

이는 정신계로 통한 문지방을 넘어서는 하나의 예입니다.

우리는 그런 생각과 관련한 최고의 진지함이 우리 영혼에 작용토록 해야 합니다. 우리는 이 진지함을 정말로 마음에 품어야 합니다. 그러면 우리는 정신계로 넘어 들어가기 위해서는 어떤 경우라도 이 진지함이 결합되어야 한다는 사실을 알게 될 것입니다. 만약 우리가 진실로 정신계에 들어가 보고 싶다면—삶은 그 깊은 진지함을 우리에게 보여주어야 할 것입니다. 우리가 그것을 정말로 원했기 때문이죠.

(비계, 秘界) 입문학은 늘 이 진지함을 문화와 문명 안으로 불어넣으려는 시도를 해왔습니다. 이것은 오늘날 우리 시대가 다시 필요로 하는 것입니다.

이 시대의 두드러진 징후로서 오늘날 교조적인 과학은 사람들에게 실재보다 더 많은 것을 의미합니다. 사람은 온갖 도덕적 행위 안에서 자신의 자유를 의식해 갈 수 있습니다. 인간으로서 우리는 빨간색이나 흰색을 경험할 수 있는 것과 마찬가지로 실제 자유를 체험할 수 있습니다. 그러나 우리는 우리의 자유를 부인합니다. 우리는 현대 과학의 지배 아래 자유를 부인하죠. 왜죠? 현대 과학은 항상 더 먼저 일어나는 일이 나중에 일어나는 일의 원인이 되는 기계적인 측면만 보고 있기 때문입니다. 따라서 이런 과학은 모든 일에는 분명 원인이 있다고 교조적으로 진술합니다. 과학은 교조적으로 인과율을 주장하지요. 인과율이 옳아야 하기 때문에, 우리가 인과율이라는 교의에 대고 맹세하기 때문에, 우리는 자유의 감정에 대해 스스로 귀머거리가 됩니다. 교의—이 경우에 권력을 휘두르는 강력한 과학의 교의—를 지켜내려 진실은 어둠 속에 묻힙니다.

과학은 생명을 완전히 파괴합니다. 만약 생명이 우리 내부에서 자신의 존재를 알아차린다면, 이 생명은 사고 활동 속에서 즉시 자유를 붙잡으려 할 것입니다. 따라서 인과율에 근거한, 순전히 외재적인 과학은, 인간의 생명 감각을 말 그대로 살해하게 되었습니다. 우리는 이를 의식해야 합니다.

그렇다면 자유의 경험을 내부에서 파괴한 후에도 사람들이 정신—기억의 정신적 형태—으로 나아갈 수 있으리라 기대할 수 있을까요? 사람들이 일단 빨간색이 빨간 장미의 시현이라는 것을 인정하고 나면 그와 마찬가지로 기억도 우주에서 솟아나 그 안에서 작용하는 꿈의 힘을 시현하는 것으로 받아들일 거라 기대할 수 있을까요? 이른바 인과율의 교의로 초기 단계에서 자유의 감정을 없애버린 뒤에도 사람들이 두 번째 단계로 올라서는 데 필요한 확신을 얻을 거라 기대할 수 있을까요?

사람들은 자신의 영혼에 담긴 정신성을 보지 못합니다.

그들은 우리가 잠 속에서 사물들 가운데 살아가는 능력 외에도 정신적인 자아 속에서 우리 정신을 통해 사랑하는 능력을 획득한다는 사실을 분명히 알 수 있을 만큼 깊은 단계에 도달하지 못합니다.

사랑의 가장 깊숙한 토대는 물질적, 에테르적 유기체 속에 잠긴, 정신이 스며 있는 자아입니다. 사랑의 정신적 본질을 안다는 것은 어떤 의미에서는 정신을 안다는 뜻입니다. 사랑을 아는 사람이라면 정신도 압니다. 하지만 이를 위해서는 사랑을 이해하고 경험하면서 사랑의 가장 깊은 정신적 경험 속으로 들어가야 합니다. 우리 문명은 바로 이 지점에서 길을 잘못 들었습니다.

기억이란 내적인 영혼 안에서 움직이고 살아감을 뜻합니다. 하지만 우리의 내적인 영혼들 속에서는 그렇듯 쉽사리 구별되지 않습니다. 스베덴보리(Swedenborg), 마이스터 에크하르트(Meister Eckhart), 그리고 요한 타울러(Johannes Tauler)와 같은 신비주의자들만이 그들의 내적인 영혼, 그들의 기억 속으로 깊이 들어가 그곳에서 영원한 정신의 움직임과 생명을 체험할 수 있었습니다.[16] 그들은 인간 내면을 밝히는 작은 불꽃에 대해 이야기했습니다. 이 불을 밝히려면 인간은, 소우주인 인간 안에서 사는 것과 똑같은 것이, 모든 세상 존재의 바탕에서 꿈을 꾸는 바깥의 창조적 형성력 속에서 살아가고 작용한다는 사실을 내면의 기억 속에서 알아차려야 합니다. 하지만 이 깊은 내적 영혼의 기억은 물론 얻기 힘듭니다. 그곳에선 사물들

---

16 슈타이너는 그의 신전(판테온) 안에서 꽤 높은 위치에 있었던 중세의 신비주의자 에크하르트와 타울러 두 사람을 상당히 자주 언급하였다. 예를 들어 루돌프 슈타이너의 〈모더니즘 이후의 신비주의자들(*Mystics after Modernism*)〉(Anthroposophic Press)을 참고하라. 스베덴보리와 슈타이너의 관계는 훨씬 더 모호하다. 스베덴보리에 대해서는 종종 경멸적이거나 비판적으로 언급하였다.

이 그리 명확하지 않습니다.

사물들은 우리가 세 번째 단계로 옮아가는 때에, 그 세 번째 단계에서 우리 문명이 본래의 정신적 존재와 사랑의 엮임을 어떻게 잘못 이해했는지 알게 되는 때에 아주 명확해집니다. 모든 정신적인 사물들은 자연히 외부의 감각 형태를 지닙니다. 정신은 자연(physics), 곧 물질적인 것 속에 잠기기 때문이죠. 정신은 물질적인 것 속에서 육화됩니다. 만일 정신이 자기를 잊어버린다면, 정신이 물질적인 것만을 의쉬한다면, 실제로는 정신에 의해 활성화되는 것을 마치 물질적인 것이 활성화하는 것처럼 보일 것입니다. 이것이 우리 시대의 거대한 허상입니다.

우리 시대는 사랑을 알지 못합니다. 우리 시대는 사랑에 대해 공상을 펴고 사랑에 대해 거짓말도 합니다. 실제로 사랑에 대해 생각해보고자 해도 아는 것은 애욕뿐입니다. 개인이 사랑을 경험하지 못한다는 이야기는 아닙니다. 인간은 그들의 생각 속에서보다 무의식적인 느낌 속에서, 무의식적인 의지 속에서 정신을 덜 부정하는 것 같습니다. 그러나 현대 문명은 사랑을 생각할 때면 늘 그 단어를 말합니다. 그것은 실제로는 에로티시즘(성욕)을 의미합니다. 실제로 모든 현대 문학을 끝에서 끝까지 읽어가면서, '사랑'이라는 단어가 나올 때마다 그것을 '에로티시즘'이나 '성애'라는 말로 대체해야 합니다. 물질주의적 사고가 사랑에 대해 알고 있는 것은 '성애'뿐이기 때문이지요. 정신에 대한 부정은 사랑의 힘을 성적 힘으로 바꿉니다. 많은 영역에서, 사랑의 수호신이 사랑의 비천한 노예인 성욕으로 대체되었을 뿐만 아니라, 그 역상(逆像)인 사랑의 악령으로 대체되었습니다. 사랑의 악령은 인간 내면에서 신성한 의지로 작용하고 있던 어떤 것이 인간의 사고로 넘어가 오성에 의해 정신성으로부터 뜯겨나가는 때에 나타납니다.

상황은 이러합니다. 사랑의 수호신을 인식하면, 여러분은 정신으로 고취된 사랑을 갖게 될 것입니다. 사랑의 비천한 노예를 인정하면, 여러분은 성욕을 갖게 될 것입니다. 그러나 우리는 사랑의 악령의 포로가 되어버렸습니다. 사랑의 악령은 사랑에 대한 해석─현대 문명에서 행해지는 성행위의 해석─이 사랑의 진실한 형태를 대체할 때마다 나타납니다. 사실 요즘 우리가 사랑에 대해 이야기하고자 할 때, 우리는 이제 성행위에 대해서만 이야기할 뿐 심지어 성욕에 대해서조차도 말하지 않습니다!

우리 문명에서는 성행위에 대한 그와 같은 담화에 성교육으로 통하는 내용이 많이 담겨 있습니다. 사랑의 악령은 성행위에 대한 오성적인 분석을 거친 이 모든 담화 속에 살고 있습니다. 악마는 수호신이 부정되는 곳은 어디에라도 끼어들기 때문에, 시대의 수호신은 항상 그 악령의 형태로 나타납니다. 정신적인 것이 그 가장 친숙한 형태인 사랑으로 나타나야 함에도, 악령의 형태로 나타나는 것 역시 이쪽 영역의 진실인 것입니다. 우리 시대는 종종 사랑의 정신이 아닌 사랑의 악령에게 기도하며, 사랑의 진정한 정신성을 성행위

안의 사랑의 악령과 혼동합니다.

당연히, 특히 이 영역에서는 가장 완벽한 오해가 생깁니다. 성행위의 중심에서 사는 것은, 물론 정신적 사랑으로 충만해 있습니다. 하지만 인류는 이런 사랑의 정신화로부터 굴러 떨어질 수 있습니다. 그리고 주지주의 시대에는 십중팔구 떨어집니다. 오성이 제가 어제 말한 모습으로 나타나게 되면 사랑에서 정신적인 것은 망각되고 그 외적인 형태만 고려됩니다.

그들 자신의 존재를 부인하는 것은 인간의 소관입니다. 그들은 사랑의 수호신으로부터 성행위의 악령—그것에 의하여 무엇보다도 우리 현 시대가 이런 것들을 느끼는 방식, 그것들의 대부분이 존재하는 방식 말입니다—으로 타락했을 때 존재를 부인합니다.

이런 관점에서 인지학은, 꼭 학문과 지식에서뿐만 아니라 우리의 가장 깊은 곳의 영혼 존재와 영혼 생활에서도 우리를 안내해줄 수 있습니다. 우리가 인지학과 친숙해질 수 있기 때문이지요. 그리고 우리가 인지학의 실재를 받아들이는 방법을 이해한다면 인지학과 친숙해질 것입니다.

오늘 누군가, 우리가 인지학의 상, 그림을 그려봐야 한다는 제안을 했습니다. 하지만 인지학은 실재로서 존재하지 않나요? 우리에게 정말 또 다른 상이 필요합니까? 우리에게 필요한 것은 우리 자신의 내적인 성실함으로 인지학과 친숙해지는 일입니다. 그러면 인지학은 우리의 영혼 생활과 영혼 존재의 가장 깊은 바탕에 스며들 것입니다. 우리는 외적인 방식으로 상을 형성하려고 하지 말아야 합니다. 하지만 우리가 이런 것들을 이해하는 남성 및 여성들로서 하나 된다면, 우리 대열 속으로 걸어 들어올 인지학이라는 존재의 살아 있는 형상과 내적으로 친밀한 관계를 형성하려는 노력을 기울여야 합니다.

우리는 우리 사이를 움직이는 실제 존재로서의 인지학과 더불어 구체적으로 살아가야 합니다. 우리가 진실로 인간이고, 인지학이라는 존재와 가까운 사이라면, 인류가 현 시대에 그렇게나 필요로 하는 것을 정말 체험해보고자 하는 충동이 틀림없이 우리 안에 일어날 것입니다. 우리는 단순히 영혼의 눈을 위한 상이 필요한 것이 아닙니다. 우리의 가슴은 인지학이라는 존재에 대한 사랑을 필요로 합니다. 우리에게 필요한 것이 바로 이것이지요. 이것은 우리 시대를 위한 최선의 충동이 될 수 있습니다.

오늘 저는 인지학이 우리에게 주는 물질적 관점과 영혼적 관점에 정신적 관점을 덧붙이고자 했습니다. 정신적 관점은 겉으로 정신을 따르는 데 있지 않습니다. 오히려 그것은 인간 영혼과 마음의 가장 깊은 곳에서 인지학을 경험하는 것입니다. 인간 영혼과 마음에서 일어나는, 인지학에 대한 이런 본질적인 경험은 우리를 인지학과의 참된 만남으로 이끌어줄 명상입니다.

—루돌프 슈타이너

(루돌프 슈타이너 저서는 별다른 언급이 없는 한 모두 Anthroposophic Press에서
출판한 것입니다.)

〈인지학의 주요 사고: 인식의 통로로서 인지학(*Anthroposophical Leading
    Thoughts: Anthroposophy as a Path of Knowledge*)〉. Rudolf Steiner
    Press, 1985.
〈인지학 운동(*The Anthroposophic Movement*)〉. Rudolf Steiner Press, 1993.
〈인지학: 미완성 유고(*Anthroposophy: A Fragment*)〉. 1996.
〈인지학과 내면생활(*Anthroposophy and the Inner Life*)〉. Rudolf Steiner Press,
    1994.
〈일상생활에서의 인지학(*Anthroposophy in Everyday Life*)〉. 1995.
〈대천사 미가엘: 그의 임무와 우리의 임무(*The Archangel Michael: His Mission
    and Ours*)〉. 1994.
〈정신적인 행동으로서의 예술: 시각 예술에 대한 루돌프 슈타이너의 기고(*Art as
    Spiritual Activity: Rudolf Steiner's Contribution to the Visual Arts*)〉. 마이
    클 하워드(Michael Howard) 편. 1998.
〈자서전: 내 생애의 자취들, 1861~1907(*Autobiography: Chapters in the Course
    of My Life, 1861-1907*)〉. 1999.
〈신비한 사실로서의 기독교(*Christianity as Mystical Fact*)〉. 1998.
〈일반인지학협회 설립을 위한 크리스마스 회의(*The Christmas Conference for the*

Foundation of the General Anthroposophical Society)).

〈우주의 기억: 지구와 인간의 전사(前史)(*Cosmic Memory: Prehistory of Earth and Man*)〉. Garber Communications, 1987.

〈제5 복음서(*The Fifth Gospel*)〉. Rudolf Steiner Press, 2001.

〈내적 발전을 위한 첫 단계들(*First Steps in Inner Development*)〉. 1999.

〈사계절과 대천사(*The Four Seasons and the Archangels*)〉. Rudolf Steiner Press. 1996.

〈어떻게 더 높은 세계를 인식하는가(*How to Know Higher Worlds*)〉. 2002.

〈정신적 통로로서의 직관적 사고: 자유의 철학(*Intuitive Thinking as a Spiritual Path: A Philosophy of Freedom*)〉. 1995.

〈모더니즘 이후의 신비주의자(*Mystics after Modernism*)〉. 2000.

〈자연의 공공연한 비밀: 괴테의 과학적 저술에 대한 개관(*Nature's Open Secret: Introductions to Goethe's Scientific Writings*)〉. 존 반즈(John Barnes) 편. 2000.

〈신비학 개요(*An Outline of Esoteric Science*)〉. 1998.

〈육체, 영혼, 정신의 심리학: 인지학, 심리학, 정신학(*A Psychology of Body, Soul, and Spirit: Anthroposophy, Psychosophy, Pneumatosophy*)〉. 1999.

〈비밀스런 흐름: 크리스티안 로젠크로이츠와 장미십자회(*The Secret Stream: Christian Rosenkreutz and Rosicrucianism*)〉. 2001.

〈연결된 채로 있기: 죽은 사람들과 관계를 지속하는 법(*Staying Connected: How to Continue Your Relationships with Those Who Have Died*)〉. 1999.

〈정신의 계급과 물질계(*The Spiritual Hierarchies and the Physical World*)〉. 1999.

〈신지학(*Theosophy*)〉. 1994.

〈자기인식의 방법(*A Way of Self-Knowledge*)〉. 1999.

〈재육화와 카르마에 대한 서양식 접근(*A Western Approach to Reincarnation and Karma*)〉. 르네 케리도(René Querido) 편. 1997.

—다른 작가들

Varfield, Owen. *Saving the Appearances*. Middletown, Conn.: Wesleyan
University Press, 1965.

Varfield, Owen. *Romanticism Comes of Age*. Middletown, Conn.: Wesleyan
University Press, 1971.

Barnes, Henry. *A Life for the Spirit: Rudolf Steiner in the Crosscurrents of
Our Time*. Anthroposophic Press, 1997.

Childs, Gilbert. *Rudolf Steiner: His Life and Work*. Anthroposophic Press,
1995.

Kühlewind, Georg. *Stages of Consciousness*. Lindisfarne, 1984.

Kühlewind, Georg. *Becoming Aware of the Logos*. Lindisfarne, 1985.

Kühlewind, Georg. *Working with Anthroposophy*. Anthroposophic Press,
1992.

Prokofieff, Sergei. *Rudolf Steiner and the Founding of the New Mysteries*.
Rudolf Steiner Press, 1993.

인지학이란 무엇인가

초판 1쇄 인쇄 2021년 7월 25일
초판 1쇄 발행 2021년 7월 30일

지은이 루돌프 슈타이너, 크리스토퍼 뱀퍼드
옮긴이 조준영
펴낸이 박규현
펴낸곳 도서출판 수신제
유통판매 황금사자(전화 070-7530-8222)
출판등록 2015년 1월 9일 제2015-000013호
주소 경기도 양평군 양서면 청계길 218
팩스 0504-064-0890
이메일 pgyuhyun@gmail.com
ISBN 979-11-954653-6-1 03110
정가 12,000원